中等职业教育大数据技术应用专业系列教材

U0453764

Web前端技术应用

Web QIANDUAN JISHU YINGYONG

主 编　代 强　谭淦露

副主编　詹泽明　张 颖　吴霜痕

重庆大学出版社

图书在版编目（CIP）数据

Web 前端技术应用 / 代强，谭淦露主编. -- 重庆：
重庆大学出版社，2024.1
中等职业教育大数据技术应用专业系列教材
ISBN 978-7-5689-4233-1

Ⅰ.① W… Ⅱ.①代… ②谭… Ⅲ.①网页制作工具—
程序设计—中等专业学校—教材 Ⅳ.①TP393.092.2

中国国家版本馆 CIP 数据核字 (2024) 第002030号

中等职业教育大数据技术应用专业系列教材
Web 前端技术应用

主 编 代 强 谭淦露
副主编 詹泽明 张 颖 吴霜痕
策划编辑：章 可

责任编辑：姜 凤 版式设计：章 可
责任校对：谢 芳 责任印制：赵 晟
*
重庆大学出版社出版发行
出版人：陈晓阳
社址：重庆市沙坪坝区大学城西路 21 号
邮编：401331
电话：（023）88617190 88617185（中小学）
传真：（023）88617186 88617166
网址：http://www.cqup.com.cn
邮箱：fxk@cqup.com.cn（营销中心）
全国新华书店经销
重庆市美尚印务股份有限公司印刷
*
开本：787mm×1092mm 1/16 印张：14.5 字数：345 千
2024 年 1 月第 1 版 2024 年 1 月第 1 次印刷
ISBN 978-7-5689-4233-1 定价：49.00 元

前　言

　　近年来，随着网页制作技术及其相关软件的快速发展和更新，无论是在企业网站项目开发中，还是在学校教学实践过程中，相应的网页设计、网站开发工作流程都在不断地变化和革新，以适应新技术的发展和职业岗位的需求。目前，网站已成为越来越多的公司、企事业单位以及组织、个人进行宣传、服务、沟通的窗口，掌握网页设计、规划、网站开发等技术，已成为计算机类专业学生适应社会人才需求，迎接职场挑战必不可少的基本技能。

　　本书以一个完整的"环保网"网站项目建设为主线，以真实的项目案例组织学习内容，以 HTML、CSS、DIV、JavaScript 等技术为主线，系统而全面地介绍了网页制作及设计，网站开发所涉及的工具软件、开发流程、制作方法，偏重实践和应用。同时，本书注重培养学生的实践能力，力求做到让学生学习后就能到企业从事该项工作。

　　全书共分 5 个项目，主要内容包括初识 Web 前端开发、构建网页基础结构、使用样式美化网页、增强网页交互行为、制作移动终端页面。

　　项目一讲述了 Web 前端开发的基础知识，包括 Web 前端开发的概念和任务、开发工具、开发一个网站的流程。

　　项目二讲述了制作环保网的 HTML 基础结构，包括制作环保网头部和尾部区域、制作网页中间区域等内容。

　　项目三讲述了使用 CSS 样式美化网页，包括美化环保网头部和尾部区域及其他区域等内容。

　　项目四讲述了利用 JavaScript 增强网页交互行为，包括制作轮播图交互板块、制作志愿者招募交互板块等内容。

　　项目五讲述了制作移动终端网页，包括将网页转为响应式设计、测试网页等内容。

　　本书主要具有以下几个方面的特点：

1.融入课程思政元素

　　编者反复学习和研读中国共产党第二十次全国代表大会报告，围绕报告中提到的"绿水青山就是金山银山"的理念，选择了"环保网"建设作为本书的案例，在讲解网页制作技术的同时，融入垃圾分类、环保政策条例等环保知识，以潜移默化的形式提升学生的环保意识。

2. 践行岗课赛证融通

本书从岗位的职业能力需求出发，将 Web 前端开发职业技能等级证书的考试内容与课程内容充分融合，在每个项目的最后加入了与职业技能等级证书考试相关的试题，供学生自测使用，以便能更好地通过考试。

3. 校企双元开发

参编老师具有多年的企业工作经历，成都中惠科技有限公司侯世平为本书的编写提供了案例和技术指导，使得本书能将理论知识与实践技能紧密结合。本书也对构建产教融合、校企合作的"现代学徒制 + 职业教育"完整职教体系进行了探索。

4. 配套资源丰富

本书每个任务的实操内容都配有操作视频，可以扫码观看，还配有相应的课件和教案，帮助老师教学。

本书由重庆市龙门浩职业中学校代强和谭淦露担任主编并负责统稿。重庆市渝北职业教育中心詹泽明、重庆市龙门浩职业中学校张颖、重庆市江南职业学校吴霜痕担任副主编。项目一由詹泽明编写，项目二由张颖编写，项目三由吴霜痕编写，项目四、项目五由谭淦露编写。

本书属于重庆市教育委员会 2022 年职业教育改革研究重大项目"职业教育中高本一体化人才培养模式研究实践"（项目编号：ZZ221017）和重庆市教育科学"十四五"规划2023 年度教学改革研究专项重点课题"职业学校现代信息技术专业（群）'岗课赛证'融通教学改革实践研究"（课题批准号：K23ZG1090060，主持人：钟勤）的研究成果。

本书在编写过程中，由于编者水平有限，书中难免有疏漏和不足之处，恳请读者及专家批评指正。

编　者

2023 年 10 月

目　录

项目一

初识 Web 前端开发

　　随着经济社会的快速发展和城市规模的不断扩大，人们在生产和生活中产生了大量的垃圾，从而造成的环境污染已成为全世界亟待解决的一个难题。为了贯彻"绿水青山就是金山银山"的理念，我国正在大力推行垃圾分类举措，因为垃圾分类不仅可以减少环境污染和土地侵蚀，还能提高资源的重复利用率。环保部门为了更好地向人们介绍垃圾分类的知识，委托比利公司制作一个以垃圾分类为主题的环保网站。网站建设中，一般分为前期策划、网页设计与制作、网站发布、网站推广以及后期维护等工作。其中，网站美工是网页设计与制作中非常重要的一个分工。

　　王华是比利公司的一名实习生，在资深员工张涛的带领下，他开始认真学习 Web 前端开发和网站美工所需的知识和技能。首先他通过查找资料，对 Web 前端开发和 Photoshop 有了一个初步的了解。通过张涛的介绍，他了解到开发网站的总体流程，同时认识到 Web 前端的开发工具有很多，根据使用习惯，他选择了 HBuilder。

　　本项目工作包括：

◆ 了解 Web 前端开发的内容；

◆ 了解网站开发的基本流程；

◆ 选用并正确安装网站开发工具。

微 课

任务一　认识 Web 前端开发

【任务描述】

张涛告诉王华要想做好 Web 前端开发工作，首先要了解 Web 前端开发工具。

完成本任务后，你应该会：

①了解 Web 前端开发的概念及作用；

②了解 Web 前端开发工具的种类及特征。

【知识准备】

1. 什么是 Web 前端开发

Web 前端开发是创建 Web 页面或 App 等前端界面呈现给用户的过程，通过 HTML、CSS 和 JavaScript 以及衍生出来的各种技术、框架和解决方案来实现互联网产品的用户界面交互。Web 前端开发主要是指网站开发、优化、完善等工作。

前端开发由网页制作演变而来，名称上有很明显的时代特征。在互联网的演化进程中，网页制作是 Web1.0 时代的产物，早期网站的主要内容都是静态的，以图片和文字为主，用户使用网站的行为也以浏览为主。随着互联网技术的发展和 HTML5、CSS3 的应用，现代网页更加美观，交互效果显著，功能更加强大。

Web 前端开发技术包括 3 个要素：HTML（Hyper Text Markup Language，超文本标记语言）、CSS（Cascading Style Sheets，层叠样式表）、JavaScript（简称"JS"）。随着时代的发展，前端开发技术的三要素也演变成了如今的 HTML5、CSS3、jQuery。

2. 如何成为一名前端开发工程师

Web 前端开发工程师既要与上游的交互设计师、视觉设计师和产品经理沟通，又要与下游的服务器端工程师沟通，需要掌握的技能非常多。从知识的广度上对 Web 前端开发工程师提出以下要求。

第一，必须掌握基本的 Web 前端开发技术，其中包括 HTML5、CSS3、JavaScript、DOM、BOM、Ajax、SEO 等，在掌握这些技术的同时，还要清楚地了解它们在不同浏览器上的兼容情况、渲染原理和存在的 Bug。

第二，网站性能优化、SEO 和服务器端的基础知识也是必须掌握的。

第三，必须学会运用各种工具进行辅助开发。

第四，除了要掌握技术层面的知识，还要掌握理论层面的知识，包括代码的可维护性、组件的易用性、分层语义模板和浏览器分级支持等。

3. 认识 Web 前端开发工具

开发工具是指为特定的软件包、软件框架、硬件平台、操作系统等建立应用软件的特殊软件。

在 Web 前端开发中，常用的开发工具有 Sublime Text、WebStorm、HBuilder 等。

（1）Sublime Text

Sublime Text（图 1-1）是一个文本编辑器（付费软件，可以无限期试用），也是一个先进的代码编辑器。Sublime Text 是由程序员 Jon Skinner 于 2008 年 1 月开发的，它最初被设计成一个具有丰富扩展功能的 Vim。Sublime Text 的主要功能包括拼写检查、书签、完整的 Python API、Goto 功能、即时项目切换、多选择、多窗口等。Sublime Text 是一个跨平台的编辑器，同时支持 Windows、Linux、Mac OS X 等操作系统。

图 1-1　Sublime Text

（2）WebStorm

WebStorm（图 1-2）是 JetBrains 公司旗下的一款 JavaScript 开发工具。它具有支持多语言和框架、代码补全、导航、代码质量分析的功能，同时还具有调试、跟踪和测试等功能。

图 1-2　WebStorm

（3）HBuilder

HBuilder（图 1-3）是一款支持 HTML5 的 Web 开发 IDE（Integrated Development Environment，集成开发环境）。

作为国产开发工具，HBuilder 是基于 Eclipse 开发的，顺其自然地兼容了 Eclipse 插件，可以轻松生成 Hybrid 应用。其具有代码输入法创新、代码块优化、Emmet 集成、快捷键语法设计、无鼠标操作等便捷应用。"快"是 HBuilder 的最大优势之一，通过完整的语法

提示和代码输入法、代码块等，大幅度提升 HTML、JavaScript、CSS 的开发效率。本书中所使用的开发工具就是 HBuilder。

图 1-3　HBuilder

4. 其他开发工具

Visual Studio Code 简称 VS Code，它是一款来自微软的编辑器，被称为"披着编辑器外衣的 IDE"。微软在 2015 年 4 月 30 日的 Build 开发者大会上正式发布了该编辑器。它是一个运行于 Mac OS X、Windows 和 Linux 之上的，用于编写现代 Web 和云应用的跨平台源代码编辑器。它是一个免费、轻量、跨平台的编辑器。

Adobe Brackets 是一个开源的、基于 HTML、CSS、JavaScript 开发的，运行在 Native shell 上的集成开发环境。其优势是不但可以实时预览，还可以快速编辑，可以同时编辑 CSS 和 JavaScript 代码。同样，它也支持各种代码提示、代码块折叠、主题等丰富的插件。

Atom 是由 GitHub 打造的，基于 Electron 开发、CoffeeScript 实现的跨平台编辑软件。其安装十分方便，支持各种语言代码高亮显示。

Komodo Edit 是一个开源的跨平台编辑器，它支持 Windows、Linux 和 macOS 操作系统。它通常跟 Komodo 集成开发环境一起发布，也可以单独使用。Komodo Edit 支持 JavaScript、Ruby、TCL、PHP、Perl 等流行编程语言。Komodo Edit 具有语法高亮、语法检查、VI 模拟、自动完成等功能。

Notepad＋＋ 是一套非常有特色的纯文字编辑器，有完整的中文化接口及支持多国语言编写的功能 (UTF8 技术)。其功能比 Windows 中的 Notepad(记事本) 强大，除了可以用来制作一般的纯文字说明文件，还适合作为编写电脑程序的编辑器。Notepad＋＋ 不仅有语法高亮度显示功能，也有语法折叠功能，并且支持宏以及扩充基本功能的外挂模组。

Vim 是 UNIX 及类 UNIX 系统文本编辑器，旨在提供实际的 UNIX 编辑器 "Vi" 功能。Vi 是一款由加州大学伯克利分校的 Bill Joy 研究开发的文本编辑器，拥有代码补全、编译及错误跳转等功能。

【任务实施】

通过查找资料，填写下表：

开发工具	主要特点	下载地址和安装主要注意事项
Sublime Text		
WebStorm		
HBuilder		
VS Code		

【直通考证】

一、判断题

1. Web 前端开发只需学习 HTML、CSS 基础代码即可。　　　　　　（　　　）
2. Web 前端开发工具只有 HBuilder。　　　　　　　　　　　　（　　　）
3. Web 前端开发流程和其他语言开发逻辑是一模一样的。　　　　（　　　）

二、单选题

1. 下列不是 Web 前端开发工具的是（　　　　）。
   A. Vim　　　　　　　B. C＋＋　　　　　　C. WebStorm　　　　　D. Sublime Text
2. 下列不是 Web 前端开发必须掌握的技术是（　　　　）。
   A. 掌握 HTML、CSS、JavaScript 等开发技术
   B. 掌握网站优化技能
   C. 掌握 Java 语言
   D. 掌握开发工具的使用方法

【任务评价】

任务	内容	配分／分	得分／分
认识 Web 前端开发	了解 Web 前端开发的基础框架	30	
	认识 Web 前端开发的开发工具	20	
	了解所选开发工具的特征	20	
	了解 Web 前端开发者所需的技能	30	
总分		100	

微 课

任务二　了解网站开发流程

【任务描述】

　　王华了解完开发工具后，需要继续学习开发一个网站框架的总体流程：首先经过市场调查、绘制网站效果图，利用切图获取素材；其次搭建 DIV＋CSS；最后书写代码、完成

网站的开发。

本任务主要介绍书写代码前的步骤，完成本任务后，你应该会：

①了解市场调查的流程；

②绘制网站效果图；

③利用切图获取素材；

④搭建 DIV + CSS。

【预期呈现效果】

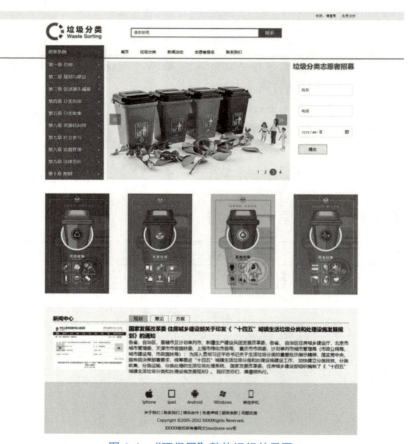

图 1-4　"环保网"整体运行效果图

【知识准备】

网站建设可分为以下几个步骤：

1. 前期市场调查

市场调查即需求分析，分析主题是什么，如何进行需求分析。例如，客户想要做什么类型的网站，这个网站的风格是什么？如何确定网站的域名和空间等？这一步通常是由产品经理、客户、网站设计人员完成的。本任务是要制作环保主题的网站，可搜索同类型的网站，例如，如图 1-5 所示的中国环保网，从中归纳出大体的风格，网站主题配色等既要符合常规，又要不失新意，一旦风格确定，其他页面的设计均要遵从统一的风格。

图 1-5　中国环保网

2. 绘制网站效果图

第一步：要确定好网站的主题，可根据网站的应用方向搜索相关资料，将自己认为比较好的网站页面都保存起来。可以用来作为所建网站主题的一个参考。

第二步：要在纸上画出心中的大概草图，绘制出整个网站的主要框架结构，顶部、中部、底部等。

第三步：网站效果图的元素效果填充，如按钮立体效果、网页所涉及的图片设计等。

第四步：完成设计，导出效果图，通常为 psd 文件。

3. 利用切图获取素材

第一步：利用 Photoshop 软件，导入设计好的 psd 文件。

第二步：打开参考线，利用切图工具，适合批量切图、小图标等。尽量标记出所切图片的宽高、像素值等。

第三步：保存所切图形为所需的图片格式，可以是 gif、png、jpeg 等。

4. 搭建 DIV+CSS

DIV 的全称是 DIVision，意为"区分"。使用 DIV 的方法与使用其他 Tag 的方法一样。如果单独使用 DIV 而不加任何 CSS，那么它在网页中的效果和使用 <P></P> 是一样的，DIV 本身就是容器性质的，你不但可以内嵌 table，还可以内嵌文本和其他 HTML 代码。

CSS 的全称是 Cascading Style Sheets，意为层叠样式表。HTML 语言并不是真正的版面语言，而只是标记语言。它试图将文档的不同部分通过它们的功能作用进行分类，但并不指出这些元素如何在计算机屏幕上显示。CSS 则提供对文档外观的更好、更全面的控制，而且不干扰文档的内容。

例如，本文所指代网站主题分为六部分，每一部分中又涉及很多小部分，在前期做 DIV 和 CSS 设计时，就需要把这几部分的空间设计出来，便于前期观察，也可对其进行适当的颜色设计。

DIV＋CSS 展示图如图 1-6 所示。

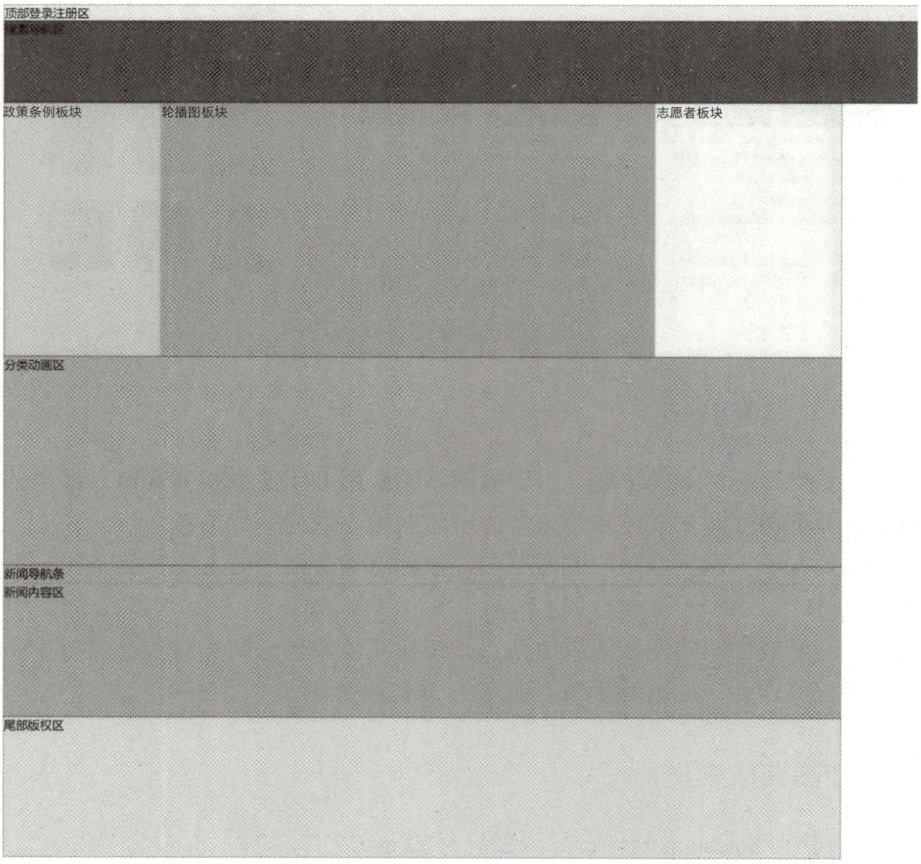

图 1-6　DIV＋CSS 展示图

DIV 框架搭建结构梳理，如图 1-7 所示。

```
body{} <!-- 这是一个 html 元素-->
  —#loading{} <!--页面加载内容-->
  —.main{} <!--页面层容器-->
        —.top <!--页面顶部登录注册部分 -->
        —.header <!--页面头部搜索框、导航条部分-->
        —.center <!-- 页面主中间部分-->
              —.page1 <!--政策条例、轮播图部分-->
                    .page1_w <!-- 内容盒-->
                          —.page1_tab <!--章名-->
                          —.page1_popup <!--具体条例内容-->
                          —.page1_slide <!--轮播图-->
                          —.page1_input <!--志愿者招募-->
              —.page2 <!--垃圾分类动画部分-->
                    .page2_w <!-- 内容盒-->
                          —.page2_nav <!-- 四种垃圾分类-->
                          —.page2_list <!--被隐藏的每种分类介绍-->
              —.page3 <!--新闻中心部分-->
                    .page3_w <!-- 内容盒-->
                          —.page3_tab <!-- 新闻中心导航条-->
                          —.page3_list <!-- 小型轮播图及文字介绍-->
  —footer <!--页面底部-->
        —ul <!-- 图标-->
        —p <!-- 超链接-->
        —p <!-- 版权-->
        —p <!-- 版权-->
```

图 1-7　DIV 框架搭建结构梳理图

【任务实施】

1. 利用 Photoshop 设计样式

根据前面调研得到的主题风格样式，运用 Photoshop 软件设计出网站的部分样式，以设计 Logo、设计搜索框、设计网页顶部的"登录注册"板块、设计"志愿者招募"板块为例介绍基本的操作方法，其他部分可以按相同的方式完成。

（1）设计 Logo

①先使用"钢笔"工具绘制半圆，再更改为"形状"，围绕图形边缘填充绿色，其他部分按相同步骤完成，效果如图 1-8 所示。

图 1-8　Logo 形状

②Logo 的形状绘制完成后，使用文字工具输入"垃圾分类"和"Waste Sorting"，将颜色设置为灰色，再调整大小、间距和位置，Logo 整体效果如图 1-9 所示。

图 1-9　Logo 整体效果

（2）设计搜索框

①首先使用矩形工具画出搜索框，将形状填充类型设置为"无填充"，形状描边为"红色"，大小为 1 像素，效果如图 1-10 所示。

图 1-10　搜索框形状

②再使用矩形工具画出小框，填充为"深红"，使用文字工具输入"搜索"，颜色为白色，效果如图 1-11 所示。

搜索

图 1-11　搜索框效果

（3）设计网页顶部的"登录注册"板块

首先使用矩形选框工具画出一个长条矩形，填充为白灰色，再使用文字工具输入"你好，请登录"，字体设为黑色，输入"免费注册"，字体设为红色，调整大小、间距和位置，效果图如图 1-12 所示。

你好，请登录　免费注册

图 1-12　"登录注册"板块效果

（4）设计"志愿者招募"板块

①首先使用文字工具输入"垃圾分类志愿者招募"，将颜色设为蓝色，调整大小，效果如图 1-13 所示。

垃圾分类志愿者招募

图 1-13　"志愿者招募"板块文字效果

②再使用矩形工具画出 3 个等大的方框，形状填充类型设为无填充，形状描边为浅灰色，效果如图 1-14 所示。

垃圾分类志愿者招募

图 1-14　"志愿者招募"板块输入框

③再使用矩形工具画出矩形小框，形状填充类型设为灰色，形状描边为蓝色，使用文字工具输入"提交"，颜色设为黑色，效果如图1-15所示。

图 1-15 "志愿者招募"板块效果

2. 利用切图获取素材

将从设计人员那里获得的原型图通过图片切割，得到原型素材图。切图步骤如下：
①在 Photoshop 中导入原型图，如图1-16所示。

图 1-16 导入原型图

②选择切割工具将原型图中所需的素材切割出来，在切割时可用"Ctrl＋＋"放大图片后再切割，能够提高切割的精度，如图1-17所示。

图 1-17　切割素材

③切割后，设置相应的参数进行保存，参数设置可参考图 1-18。

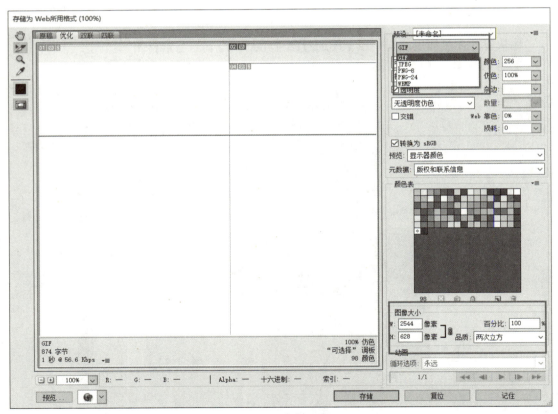

图 1-18　参数设置

【直通考证】

一、判断题

1. 做 Web 页面设计时，直接画即可，不需要其他过程。　　　　　　　（　　）
2. 调研会涉及版权问题，所以不能参考别人的网站页面。　　　　　　（　　）
3. 切片时，直接用浏览器即可，不用其他应用程序。　　　　　　　　（　　）
4. 切片的图片只能保存为 .gif，不能保存为其他格式。　　　　　　　（　　）
5. 可使用开发工具自动编写框架代码，不需要修改。　　　　　　　　（　　）

二、单选题

1. 下列哪项不是 Web 前端设计的必要步骤？（　　　　）
　　A. 了解市场调查的流程　　　　　　　　B. 安装开发工具
　　C. 利用切图得到素材　　　　　　　　　D. 搭建 DIV ＋ CSS
2. 进行效果图切片时，使用的切图工具通常是（　　　　）。
　　A. Photos　　　　　　B. Photoshop　　　　C. Python　　　　D. Shell
3. 切片保存时不能生成的格式是（　　　　）。
　　A. .gif　　　　　　　B. .dll　　　　　　　C. .jpeg　　　　　D. .wbmp

【任务评价】

任务	内容	配分 / 分	得分 / 分
了解开发网站的总体流程	熟练掌握网站开发的总体流程	10	
	能根据网站内容确定网站主题	20	
	能设计出符合主题的网站效果图	20	
	能依据效果图进行切片	20	
	能将切片保存为所需的格式	10	
	能根据效果图进行 HTML\CSS 代码编写	20	
总分		100	

项目二

构建网页基础结构

经过前期的准备工作，环保网进入了开发阶段。王华需要制作环保网的静态页面，将前期通过 Photoshop 绘制得到的图片效果变成网页效果，环保网的静态页面分为三个部分：网页头部、尾部区域、登录网页及中间区域。

在该阶段，王华会系统地学习 HTML。HTML 的全称为超文本标记语言。它包括一系列标签，通过这些标签可以统一网络上的文档格式，使分散的 Internet 资源连接成一个逻辑整体。HTML 文本是由 HTML 命令组成的描述性文本，HTML 命令可以说明文字、图形、动画、声音、表格、链接等。

本项目工作包括：

◆搭建网页头部 HTML 结构；

◆搭建网页登录板块 HTML 结构；

◆搭建网页中间区域 HTML 结构。

微　课

任务一　制作网页头部

【任务描述】

在完成主页效果图设计，准备好素材后，王华开始进行主页制作。首先制作网页头部区域。头部区域展示网站的主题，显示网页的主要内容，提供相关新闻搜索栏。

完成本任务后，你应该会：

①了解 HTML 的基本标签；

②插入 DIV 标签及搭建 HTML 树形结构；

③制作列表；

④插入超链接；

⑤插入文本样式；

⑥制作图片标签；

⑦制作表单；

⑧插入块元素和行内元素；

⑨通过制作网页头部提升合作学习能力和自学能力。

【预期呈现效果】

图 2-1　网页头部 HTML 搭建效果

【知识准备】

1. 了解 HTML 的基本标签

（1）HTML 页面的组成

一个基本的 HTML 页面由以下 4 个部分组成。

● 文本声明

● html 标签对：＜html＞＜/html＞

● head 标签对：＜head＞＜/head＞

● body 标签对：＜body＞＜/body＞

代码如下：

```
<!DOCTYPE html>
<html>
  <head>
  </head>
  <body>
  </body>
</html>
```

（2）HTML 各个标签的作用

①＜!DOCTYPE html＞ 是一个文档声明，表示这是一个 HTML 页面。

②＜head＞＜/head＞ 是网页的"头部"，用于定义一些特殊的内容，如页面标题、定时刷新、外部文件等。

③＜body＞＜/body＞ 是网页的"身体"。对于一个网页来说，大部分代码都是在这个标签内部编写的。

注意：

①＜head＞＜/head＞ 中的内容不直接显示在浏览器上；

②把要显示在浏览器上的内容放置在 ＜body＞＜/body＞ 中；

③对于 HTML 基本结构，在 HBuilder 中新建文件会自动生成；

④记忆标签时，有个小技巧：根据英文意思记忆。比如，head 表示"页头"，body 表示"页身"。

在"环保网"中，书写基本标签框架如下：

```
<!DOCTYPE html>
<html>
  <head>
    <meta charset="utf-8">
    <title> 垃圾分类 </title>
    <link rel="stylesheet" type="text/css" href="style/main.css"/>
    <script src="script/jquery-3.6.0.min.js" type="text/javascript" charset="utf-8"></script>
    <script src="script/main.js" type="text/javascript" charset="utf-8"></script>
  </head>
  <body>
  </body>
</html>
```

运行效果图如图 2-2 所示。

图 2-2　运行效果

2. 插入 DIV 标签及 HTML 树形结构

（1）DIV 标签是用来划分 HTML 结构的，标签本身不带任何语义。

语法：

<div></div>

DIV 标签最重要的用途是划分区域，如果要对该区域进行样式控制，需要结合 CSS 样式（后面进行重点讲解）。DIV 标签划分区域后预览效果没有改变，但是划分区域可使代码更具有逻辑性。

（2）HTML 树形结构。

HTML 元素的嵌套展示最终形成一种 HTML 树形结构，父元素统称祖先元素，子元素统称后代元素，如图 2-3 所示。

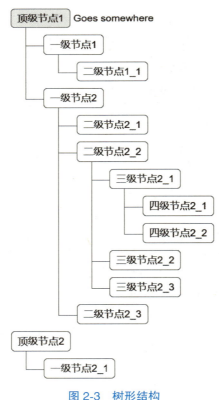

图 2-3　树形结构

①父元素。

父元素可以理解为上级元素，包裹层为父，内部元素为子，如：

```
<html>
        <head>
                <title>...</title>
        </head>
        <body>
            <ul>
                <li>332</li>
                <li>233234</li>
            </ul>
            <p>...</p>
        </body>
</html>
```

例如，上面的 HTML 结构：

<html> 元素就是 <body> 和 <head> 的父元素（上下级，包含关系）；

<body> 又是 <ul> 和 <p> 的父元素；

<ul> 又是两个 <li> 的父元素。

②继承性。

继承性是指被包在内部的标签将拥有外部标签的样式性，即子元素可以继承父元素的属性。

例如，在"环保网"头部标签中，在 body 标签中搭建 DIV 盒子框架，父级 DIV 标签是外层橘色部分，子级 DIV 标签是里层蓝色部分，如图 2-4 所示。

图 2-4　盒模型

DIV 框架搭建代码如下：

```
<body>
    <div>
        <div>

        </div>
    </div>
</body>
```

3. 制作列表

HTML5 为我们提供了下列 3 种不同形式的列表：

● 有序列表，使用 <ol> + <li> 标签；

● 无序列表，使用 ＜ul＞ + ＜li＞ 标签；
● 定义列表，使用 ＜dl＞ + ＜dt＞ + ＜dd＞ 标签。

（1）有序列表

ol 列表可选择的属性有：

① reversed 属性。

reversed 属性规定列表顺序为降序（9, 8, 7, …），而不是升序（1, 2, 3, …）。使用方法如下：

```
＜ol reversed＞
        ＜li＞Basketball＜/li＞
        ＜li＞Football＜/li＞
        ＜li＞Volleyball＜/li＞
    ＜/ol＞
```

运行结果如图 2-5 所示。

3. Basketball
2. Football
1. Volleyball

图 2-5　reversed 属性运行结果

② start 属性。

start 属性规定有序列表中第一个列表项目的开始值。使用方法如下：

```
＜ol start = "5"＞
        ＜li＞Basketball＜/li＞
        ＜li＞Football＜/li＞
        ＜li＞Volleyball＜/li＞
    ＜/ol＞
```

运行结果如图 2-6 所示。

5. Basketball
6. Football
7. Volleyball

图 2-6　start 属性运行结果

③ type 属性。

type 属性规定列表中要使用的标记类型（字母或数字），属性值为 1（数字）、A（大写字母）、I（大写罗马数字）、a（小写字母）、i（小写罗马数字）。例如，以下是用带有大写罗马数字的有序列表：

```
＜ol type = "I"＞
        ＜li＞Basketball＜/li＞
        ＜li＞Football＜/li＞
        ＜li＞Volleyball＜/li＞
    ＜/ol＞
```

运行结果如图 2-7 所示。

I. Basketball
II. Football
III. Volleyball

图 2-7　type 属性运行结果

（2）无序列表

● 无序列表是一个项目的列表，项目使用粗体圆点（典型的小黑圆圈）进行标记。

● 无序列表用 <ul> 定义。每个列表项用 <li> 定义。

● 默认情况下，无序列表的项目前面显示实心圆点。

● 列表项内部可以使用段落、换行符、图片、链接以及其他列表等。

● 使用列表标记链接组时，大多数情况下均可使用无序列表，如主导航链接。

<ul> 标签的使用方法：

<ul>
        <li>Basketball</li>
        <li>Football</li>
        <li>Volleyball</li>
</ul>

运行结果如图 2-8 所示。

● Basketball
● Football
● Volleyball

图 2-8　运行结果

在"环保网"头部标签中，插入列表标签如下：

```
<body>
    <div>
        <div>
            <ul>
                <li></li>
                <li></li>
            </ul>
        </div>
    </div>
</body>
```

运行结果如图 2-9 所示。

●
●

图 2-9　运行结果

4. 插入超链接

（1）HTML 链接语法

＜a href＝"url"＞Link＜/a＞

①href 属性规定链接的目标，如网址、网页存放路径。

开始标签和结束标签之间的文字被作为超级链接显示。

②target 属性。

使用 target 属性，可以定义被链接的文档在何处显示。例如，这行代码会使得在新窗口打开文档：＜a href＝" http：//www.baidu.com" target＝"_blank"＞ 百度 ＜/a＞

target 属性值及描述：

- _self：默认状态。在当前页面所在窗口中打开链接的网页。
- _blank：在当前浏览器中打开一个新窗口加载链接的网页。
- _parent：在父窗口中打开链接的网页。
- _top：清除当前窗口中打开的所有子窗口，并在整个窗口中打开链接的网页。

（2）伪类

在选取元素时，CSS 除了可以根据元素名、id、class、属性选取元素，还可以根据元素的特殊状态选取元素，即伪类选择器。

伪类命名：伪类以冒号（：）开头，元素选择符和冒号之间不能有空格，伪类名中间也不能有空格。

CSS 中常见的伪类见表 2-1。

表 2-1　常见的伪类

伪类名	含义
：active	向被激活的元素添加样式
：focus	向拥有输入焦点的元素添加样式
：hover	向鼠标悬停在上方的元素添加样式
：link	向未被访问的链接添加样式
：visited	向已被访问的链接添加样式
：first-child	向元素添加样式，且该元素是它的父元素的第一个子元素
：lang	向带有指定 lang 属性的元素添加样式

CSS3 新增伪类选择器见表 2-2。

表 2-2　新增伪类

伪类名	含义
：root	选择文档的根元素，在 HTML 中永远是 ＜html＞ 元素

续表

伪类名	含义
: last-child	向元素添加样式，且该元素是它的父元素的最后一个子元素
: nth-child(n)	向元素添加样式，且该元素是它的父元素的第 n 个子元素
: nth-last-child(n)	向元素添加样式，且该元素是它的父元素的倒数第 n 个子元素
: only-child	向元素添加样式，且该元素是它的父元素的唯一子元素
: first-of-type	向元素添加样式，且该元素是同级同类型元素中第一个元素
: last-of-type	向元素添加样式，且该元素是同级同类型元素中最后一个元素
: nth-of-type(n)	向元素添加样式，且该元素是同级同类型元素中第 n 个元素
: nth-last-of-type(n)	向元素添加样式，且该元素是同级同类型元素中倒数第 n 个元素
: only-of-type	向元素添加样式，且该元素是同级同类型元素中唯一的元素
: empty	向没有子元素（包括文本内容）的元素添加样式

（3）鼠标样式

当鼠标移动到不同的地方时、当鼠标执行不同的功能时、当系统处于不同的状态时，都会使鼠标的形状发生变化。

在 CSS 中定义鼠标样式的方法为：{cursor：url(' 路径 /*.cur'); }。

常用的 cursor 属性值见表 2-3。

表 2-3　常用的 cursor 属性值

值	示意图	描述
url		需使用的自定义光标的 URL
default	▷	默认光标（通常是一个箭头）
auto		默认浏览器设置的光标
crosshair	✛	光标呈现为十字线
pointer	☜	光标呈现为指示链接的指针（一只手）
move	✛	此光标指示某对象可被移动
e-resize	⟷	此光标指示矩形框的边缘可被向右（东）移动
ne-resize	↗	此光标指示矩形框的边缘可被向上及向右移动（北 / 东）
nw-resize	↖	此光标指示矩形框的边缘可被向上及向左移动（北 / 西）
n-resize	↕	此光标指示矩形框的边缘可被向上（北）移动
se-resize	↘	此光标指示矩形框的边缘可被向下及向右移动（南 / 东）

续表

值	示意图	描述
sw-resize	↙	此光标指示矩形框的边缘可被向下及向左移动（南／西）
s-resize	 ↕	此光标指示矩形框的边缘可被向下移动（南）
w-resize	⇔	此光标指示矩形框的边缘可被向左移动（西）
text	I	此光标指示文本
wait	◎	此光标指示程序正忙（通常是一只表或沙漏）
help	 ▷?	此光标指示可用的帮助（通常是一个问号或一个气球）

在"环保网"头部标签中，插入超链接标签代码如下：

```
<div class = "top">
        <div class = "top_w">
            <ul class = "ul-1">
                <li> <a href = "login.html"> 你好，请登录 </a> </li>
                <li> <a href = ""> 免费注册 </a> </li>
            </ul>
        </div>
    </div>
```

运行效果图如图 2-10 所示。

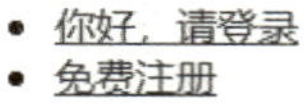

- 你好，请登录
- 免费注册

图 2-10　运行效果

清除初始样式代码如下：

```
*{
    padding: 0;
    margin: 0;
    border: none;
    outline: none;
    box-sizing: border-box;
    list-style: none;
    text-decoration: none;
    font-style: normal;
    color: inherit;
}
```

5. 插入文本标签

①在 HTML 中，共有 6 个级别的标题标签：h1、h2、h3、h4、h5、h6。其中，h 是 header 的缩写。6 个标题标签在页面中的重要性是有区别的，其中，h1 标签的重要性最高，h6 标签的重要性最低。

语法：<h1> 这是一级标题 </h1>

          <h2> 这是二级标题 </h2>

          <h3> 这是三级标题 </h3>

          <h4> 这是四级标题 </h4>

          <h5> 这是五级标题 </h5>

          <h6> 这是六级标题 </h6>

h1 ~ h6：层级越大，字号越小，自带加粗，放大效果。自带外边距且独占一行。

注意：

标签又分为双标签和单标签。单标签只有开始标签，双标签由开始标签和结束标签构成。标题标签是双标签。

②在 HTML 中，可以使用"p 标签"来显示一段文字。p 标签是双标签。

语法：

<p> 段落 </p>

段落标签会自动换行，并且段落与段落之间有一定的间距。

p 标签只是显示基本段落文字、段落格式，如文字颜色、大小样式等由 CSS 控制，后面会详细介绍。

在 HTML 程序中，如果希望段落开头空两格，用"space"是无效的，需要用空格代码" "实现。

6. 插入图片标签

在编写 HTML 文件时，需要添加图片的标准语法：< img src = " 图像 URL（图像的文件路径和文件名）" / >。

编辑插入图片的常用属性：

src：指"source"。源属性的值是图像的 URL 地址，即图片路径。

图片路径的使用方法有以下几种：

①绝对路径：指一个网络地址或者本地地址是完整写全的路径。通常是网络上的图片。例如，在"D"盘名为"abc"的目录中，有个图片名叫"def.jpg"。其绝对路径就是"D：/abc/def.jpg"。

②相对路径：指不完整的路径。例如，有一个叫"asdf.html"的网页文件需要调用图片"def.jpg"。"asdf.html"的所在位置是"D"盘根目录，那么相对路径调用只需写"abc/def.jpg"即可。

③alt：给图片添加 alt 属性时，如果添加的图片能够正常显示，则不会显示出效果，但是如果添加的图片因为某种原因而无法显示时，则会将无法显示的图片替换成文字。

④title：鼠标箭头悬停在图片上时，将会显示文字。

⑤width：调整图片的宽度属性。属性值可以是像素、百分比等。

⑥height：调整图片的高度属性。在进行图片大小修改时，只需修改图片的 width 或 height 任何一项，高度和宽度就会等比例缩放。

⑦border：设置图像的边框颜色。

⑧align：属性规定了图像相对于周围元素的对齐方式。

语法：＜img align＝"left|right|middle|top|bottom"＞

7. 制作表单

（1）input 标签

①在大多数情况下，表单控件元素用的是 input 元素，它是一个空元素，没有结束标签。

②可以使用 label 元素定义 input 元素的标注。

③大多数主流浏览器都支持 input 标签。

④input 支持所有的 HTML 全局属性和事件属性。

⑤在 HTML5 中，input 添加了几个属性，并且添加了对应的值。

input 标签的常用属性：

①name：规定 ＜input＞ 元素的名称。

②value：指定 ＜input＞ 元素 value 的值。

③disabled：该元素无法获取输入焦点，无法响应单击事件。

④readonly：指定文本框的内容不允许用户直接修改。

⑤type：属性规定要显示 ＜input＞ 元素的类型。

type 属性的常用属性值见表 2-4。

表 2-4　type 属性的常用属性值

属性值	类型	用途
text	单行文本框	可以输入一行文本，可以通过"size"和"maxlength"属性定义显示的宽度和最大字符
password	密码输入框	也可以输入一行文本，但该区域字符会被掩码
radio	单选按钮	相同 name 属性的单选按钮只能选一个，默认选中用 checked＝"checked"
checkbox	多选按钮	可以多选的选项框，默认选中用 checked＝"checked"
submit	提交按钮	单击后会将表单数据发送到服务器

续表

属性值	类型	用途
reset	重置按钮	单击后会清除表单中的所有数据
button	按钮	定义按钮，大多数情况下执行 JS 脚本
image	图片形式提交按钮	提交图片按钮，用"src"属性赋予图片的 URL
file	选择文件控件	用于文件上传
hidden	隐藏的输入区域	一般用于定义隐藏的参数
color	颜色选择器	当用户在颜色选择器中指定颜色后，该元素的值为指定颜色的值
time	时间生成器	结果值包括小时和分
date	日期选择器	可以通过 min 和 max 限制用户的可选日期范围
month	月份选择器	可以通过 min 和 max 限制用户的可选月份范围
E-mail	E-mail 输入框	自动验证输入值是否为合法的 E-mail 地址
number	数字输入框	该文本框只能输入数字，可以使用 min 和 max 属性指定该字段，可以具有的最小值和最大值
search	搜索框	生成一个专门用于输入搜索关键字的文本框
tel	电话号码框	生成一个只能输入电话号码的文本框

（2）边框样式

CSS3 圆角属性见表 2-5。

表 2-5　CSS3 圆角属性

属性	描述
border-radius	定义 4 个角的弧度
border-top-left-radius	定义了左上角的弧度
border-top-right-radius	定义了右上角的弧度
border-bottom-right-radius	定义了右下角的弧度
border-bottom-left-radius	定义了左下角的弧度

border-radius 也可以指定每个圆角：

如果在 border-radius 属性中只指定了一个值，那么将生成 4 个相同弧度的圆角。如果要在 4 个角上一一指定，可以使用以下规则：

①四个值：第一个值为左上角，第二个值为右上角，第三个值为右下角，第四个值为

左下角。

②三个值：第一个值为左上角，第二个值为右上角和左下角，第三个值为右下角。

③两个值：第一个值为左上角与右下角，第二个值为右上角与左下角。

④一个值：4 个圆角值相同。

8. 插入块元素和行内元素

在 HTML 中，根据表现形式不同，元素一般可以分为块元素（block）和行内元素（inline）两大类。

（1）块元素（block）

特点：块元素在浏览器显示状态下将占据一整行，块元素内部可以容纳其他块元素和行内元素。HTML 常见块元素见表 2-6。

表 2-6   HTML 常见块元素

块元素	说明
h1~h6	标题元素
p	段落元素
div	div 元素
hr	水平线
ol	有序列表
ul	无序列表

（2）行内元素（inline）

特点：行内元素可以与其他行内元素位于同一行，行内元素内部可以容纳其他行内元素，但不可以容纳块元素。HTML 常见行内元素见表 2-7。

表 2-7   HTML 常见行内元素

行内元素	说明
strong	粗体元素
em	斜体元素
a	超链接
span	常用行内元素，结合 CSS 定义样式

【任务实施】

搭建"环保网"头部板块的代码如下：

```
<div>
        <div>
            <ul>
                <li><a href="login.html"> 你好，请登录 </a></li>
                <li><a href=""> 免费注册 </a></li>
            </ul>
        </div>
    </div>
<div>
        <div>
            <div>
                <img src="images/logo-201305.png">
            </div>
            <div>
                <input type="text" placeholder=" 最新新闻 "/>
                <label for="search"> 搜索 </label>
            </div>

        </div>
        <div>
            <div>
                <span> 政策条例 </span>
            </div>
            <ul>
                <li>
                    <a href="#"> 首页 </a>
                </li>
                <li>
                    <a href="#"> 垃圾分类 </a>
                </li>
                <li>
                    <a href="#"> 新闻动态 </a>
                </li>
                <li>
```

```
            <a href="#"> 志愿者报名 </a>
        </li>
        <li>
            <a href="#"> 联系我们 </a>
        </li>
      </ul>
    </div>
  </div>
```

【任务扩展】

1. 插入其他文本标签

文本格式标签都是双标签，文本格式标签的作用见表 2-8。

表 2-8　文本格式标签

<b>	定义粗体文本
<i>	定义斜体字
<del>	删除线
<ins>	下画线
<big>	大号字
<small>	小号字
<sub>	定义下标字
<sup>	定义上标字

①<b> 和 <strong> 标签：都可对文本进行加粗，且都是行级标签，<strong> 有强调作用。

②<i> 和 <em> 标签：都可使文本倾斜，且都是行级标签，<em> 有强调作用。

例如，新建文件，写入以下代码：

```
<!DOCTYPE html>
<html>
  <head>
    <meta charset="utf-8">
    <title> </title>
  </head>
  <body>
```

```
<b> 定义粗体文本 </b> <br>
<i> 定义斜体字 </i> <br>
<del> 定义删除线 </del> <br>
<ins> 定义下画线 </ins> <br>
<big> 定义大号字 </big> <br>
<small> 定义小号字 </small> <br>
a<sup>2</sup> <!-- 定义上标 --> <br>
a<sub>2</sub> <!-- 定义下标 --> <br>
</body>
</html>
```

预览效果如图 2-11 所示。

定义粗体文本
定义斜体字.
~~定义删除线~~
<u>定义下画线</u>
定义大号字
定义小号字
a²
a₂

图 2-11 预览效果

2. 换行标签（br）和水平线标签（hr）

①换行标签：让文字强制换行显示，单标签。
代码：
②水平线标签：分割不同主题内容的水平线，在页面中显示一条水平线，单标签。
代码：<hr>
显示效果如图 2-12 所示。

送别

山中相送罢，日暮掩柴扉。
春草明年绿，王孙归不归？

图 2-12 显示效果

代码如下：
```
<!DOCTYPE html>
<html>
  <head>
    <meta charset="utf-8">
    <title></title>
  </head>
```

```
<body>
    <h1> 送别 </h1>
    <hr>
    山中相送罢，日暮掩柴扉。<br> 春草明年绿，王孙归不归？
</body>
</html>
```

3. 插入自闭合标签

在 HTML 中，标签可以分为两种：一般标签和自闭合标签。

①一般标签：成对出现，这些标签都有一个"开始符号"和一个"结束符号"，如 <p> </p>。可以在标签内部插入其他标签和文字。

②自闭合标签：没有结束符号，如
 和 <hr/>。不能插入其他标签和文字。自闭合标签见表 2-9。

表 2-9　自闭合标签

标签	说明
<meta />	定义网页的信息（供搜索引擎查看）
<link />	引入"外部 CSS 文件"
 	换行标签
<hr />	水平线标签
<img />	图片标签
<input />	表单标签

4. 学习特殊符号

在 HTML 中，如果想要显示一个特殊符号，也是需要通过代码形式来实现的。这些特殊符号对应的代码，都是以"&"开头且以";"（英文分号）结尾的。这些特殊符号，可以分为两类。特殊符号见表 2-10 和表 2-11。

表 2-10　特殊符号（常用）

特殊符号	说明	代码
	空格	
"	双引号（英文）	&quot;
'	左单引号	&lsquo;
'	右单引号	&rsquo;
×	乘号	&times;

续表

特殊符号	说明	代码
÷	除号	&divide;
>	大于号	&gt;
<	小于号	&lt;
&	"与"符号	&amp;
—	长破折号	&mdash;
|	竖线	|

表 2-11　特殊符号（不常用）

特殊符号	说明	代码
§	分节符	&sect;
©	版权符	&copy;
®	注册商标	&reg;
™	商标	&trade;
€	欧元	&euro;
£	英镑	&pound;
¥	日元	&yen;
°	度	&deg;

【直通考证】

单选题

1. 下列选项正确的是（　　　）。

　A. <p /> 　　　　　B.
 　　　　　C. <hr /> 　　　　　D. <img />

2. 下列标签为 HTML5 新增的标签是（　　　）。

　A. <form> 　　　　　B. <iframe> 　　　　　C. <title> 　　　　　D. <footer>

3. 下列关于 HTML5 的标签默认值描述正确的是（　　　）。

　A. 不同浏览器下，完美的默认内外边距不同

　B. button，textarea，input，select 的默认值是 display：inline-block

　C. hr 的默认值是 border：1px inset

D. 所有的标签都有结束标签

4. 在下列 HTML 中，可以产生文本区的是（　　　　）。

A. <textarea>　　　　　　　　　　　　　B. <input type = "textarea">

C. <input type = "textbox">　　　　　　　D. <form type = "text">

5. 下列标签属于块级元素的是（　　　　）。

A. <div>　　　　　B. <img>　　　　　C. <h1>　　　　　D. <ul>

6. 当图片 logo.png 在文件夹 img 中，页面文件 login.html 在文件夹 page 下，而 img 和 page 在同一文件夹中时，调用图片正确的代码是（　　　　）。

A. <img src = "../img/logo.png"/>　　　　B. <img src = "img/logo.png"/>

C. <img src = "logo.png"/>　　　　　　　D. <img src = "./img/logo.png"/>

7. 下列选项中，哪个属性值可以使图片与中央对齐？（　　　　）

A. left　　　　　　B. right　　　　　　C. middle　　　　　D. top

8. 下列属性可以设置背景图片的平铺方式的是（　　　　）。

A. background-repeat　　　　　　　　　B. background-color

C. background-image　　　　　　　　　D. background-size

9. 下列属性值可以使背景图片沿 X 轴平铺（　　　　）。

A. repeat　　　　　　B. repeat-x　　　　　　C. repeat-y　　　　　D. no-repeat

【任务评价】

任务	内容	配分 / 分	得分 / 分
制作网页头部	了解 HTML 基本标签	10	
	能插入 div 标签	20	
	能搭建 HTML 树形结构	20	
	能制作列表	10	
	能插入超链接	10	
	能制作图片标签	10	
	能制作表单	10	
	能插入块元素及行内元素	10	
总分		100	

任务二 制作登录板块及中间区域

【任务描述】

制作完网页头部后，王华开始进行主体内容和尾部的制作。中间主体部分包括登录页、政策章名、轮播图、志愿者招募、垃圾分类、新闻中心。底部区域包括关于站点的联系方式、版权等基本信息和相关图片。

完成本任务后，你应该会：

①在网页中插入 form 标签；

②在网页中插入 button 标签。

通过书写 HTML 代码，可提升逻辑思维能力和自学能力。

【预期呈现效果】

Login

Reg

| 用户名 |
| 账号 |
| 密码 |

点击注册

登录　注册

图 2-13　登录页 HTML 代码效果图

- 第一章 总则 >
- 第二章 规划与建设 >
- 第三章 促进源头减量 >
- 第四章 分类投放 >
- 第五章 分类收集 >
- 第六章 资源化利用 >
- 第七章 社会参与 >
- 第八章 监督管理 >
- 第九章 法律责任 >
- 第十章 附则 >

图 2-14　政策章名 HTML 代码效果图

- 第一条 >
  为了加强本市生活垃圾管理，改善人居环境，促进城市精细化管理，维护生态安全，保障经济社会可持续发展，根据《中华人民共和国固体废物污染环境防治法》《中华人民共和国循环经济促进法》《城市市容和环境卫生管理条例》等法律、行政法规，结合本市实际，制定本条例。
- 第二条 >
  市行政区域内生活垃圾的源头减量、投放、收集、运输、处置、资源化利用及其监督管理等活动，适用本条例。本条例所称的生活垃圾，是指在日常生活中或者为日常生活提供服务的活动中产生的固体废弃物以及法律、行政法规规定视为生活垃圾的固体废弃物。
- 第三条 >
  本市以实现生活垃圾减量化、资源化、无害化为目标，建立健全生活垃圾分类投放、分类收集、分类运输、分类处置的全程分类体系，积极推进生活垃圾源头减量和资源循环利用。本市生活垃圾管理工作，遵循政府推动、全民参与、市场运作、城乡统筹、系统推进、循序渐进的原则。
- 第四条 >
  本市生活垃圾按照以下标准分类：（一）可回收物，是指废纸张、废塑料、废玻璃制品、废金属、废织物等适宜回收、可循环利用的生活废弃物；（二）有害垃圾，是指废电池、废灯管、废药品、废油漆及其容器等对人体健康或者自然环境造成直接或者潜在危害的生活废弃物；（三）湿垃圾，即易腐垃圾，是指食材废料、剩菜剩饭、过期食品、瓜皮果核、花卉绿植、中药药渣等易腐的生物质生活废弃物；（四）干垃圾，即其他垃圾，是指除可回收物、有害垃圾、湿垃圾以外的其他生活废弃物。生活垃圾的具体分类标准，可以根据经济社会发展水平、生活垃圾特性和处置利用需要予以调整。

图 2-15　政策条例部分 HTML 代码效果图

图 2-16　轮播图平铺效果图

垃圾分类志愿者招募

姓名

电话

年 / 月 / 日

提交

图 2-17　志愿者招募 HTML 代码效果图

可回收垃圾

recyclable trash

可回收垃圾是指适宜回收循环使用和资源利用的废物。主要包括纸类：未严重玷污的文字用纸、包装用纸和其他纸制品等。如报纸、各种包装纸、办公用纸、广告纸片、纸盒等；塑料：废容器塑料、包装塑料等塑料制品。

有害垃圾

hazardous waste

有害垃圾指对人体健康或自然环境造成直接或潜在危害的生活废弃物。常见的有害垃圾包括废灯管、废油漆、杀虫剂、废弃化妆品、过期药品、废电池、废灯泡、废水银温度计等，有害垃圾需按照特殊、正确的方法安全处理。

其他垃圾

other garbage

其他垃圾指危害比较小，没有再次利用价值的垃圾，如建筑垃圾、生活垃圾等，一般都采取填埋、焚烧、卫生分解等方法处理，部分可以使用生物分解的方法解决，如放蚯蚓等。其他垃圾是可回收物、厨余垃圾、有害垃圾剩余下来的一种垃圾种类。

图 2-18　垃圾分类文字介绍 HTML 代码效果图

图 2-19　新闻中心 HTML 代码效果图

- iPhone
- iPad
- Android
- Windows
- 其他手机

<u>关于我们</u> | <u>联系我们</u> | <u>媒体合作</u> | <u>免责声明</u> | <u>服务条款</u> | <u>问题反馈</u>

Copyright ©2005—2022 ××××× Rights Reserved.

×××××版权所有粤网文 [××××] ××××-×××号

图 2-20　尾部区域 HTML 代码效果图

【知识准备】

1. 插入 form 标签

（1）form 标签的定义

①form 标签是一个块级元素，用于向服务器传输数据。

②form 标签代表表单整体，在页面上并无特殊样式显示。

③form 标签遵循 W3C 标准。

④CSS 语言能够调整 form 标签的样式。

⑤与大多数语言一样，form 标签不严格区分大小写。

（2）form 标签的用法

<form></form> 标签用于为用户输入创建 HTML 表单。在 HTML5 之前的规范中，其他表单控件，如单行文本框、多行文本域、单选按钮、复选框等都必须放在 form 元素中，否则，用户输入的信息可能无法提交到服务器上。

（3）常用属性

①name：规定表单的唯一名称，通常与 id 属性值相同。

②action：定义表单提交的地址，属性值通常为一个 URL 地址，这个属性必须有。

③method：定义表单提交的方式，通常用 post，有时用 get，取决于后端程序员提供的 API，这个属性也必须有。

④target：定义使用哪种方式打开目标 URL，其属性值可以是 _blank、_parent、_self、_top 中的一个，使用方法与 a 元素的 target 相同。

在"环保网"中，为"你好，请登录"添加登录页面，插入 form 标签代码如下：

<input type = "text" placeholder = " 用户名 "/>

<input type = "text" placeholder = " 账号 "/>

<input type = "password" placeholder = " 密码 " autocomplete = "off" />

input 标签效果图如图 2-21 所示。

图 2-21　input 标签效果图

2. 插入 button 标签

（1）button 的定义和用法

button 标签定义一个按钮。在 button 元素内部，可以包含普通文本、文本格式化元素、图片等内容。这是该元素与 input 元素创建的按钮之间的不同之处。

（2）button 与 input 按钮的区别

button 控件与 <input type = "button"> 相比，提供了更为丰富的视觉效果。<button> 与 </button> 标签之间的所有内容都是按钮的内容，其中包括任何可接受的正文内容。例如，可以在按钮中包括一个图像和相关的文本，用它们在按钮中创建一个吸引人的标记图像。

（3）button 标签中 type 属性的常用属性值

属性值只能为 button、reset 和 submit 3 种，与 input 的 3 种按钮正好对应。

在"环保网"中，为"你好，请登录"添加登录页面，在前面学习的基础上插入 button 按钮，代码如下：

<button type = "button"> 登录 </button>

<button type = "button"> 注册 </button>

登录注册效果图如图 2-22 所示。

登录　注册

图 2-22　登录注册效果图

【任务实施】

1. 搭建登录页面

HTML 代码如下：

<div>

<h1>Login</h1>

```
<h1>Reg</h1>
<form action="" method="">
    <div>
        <input type="text" placeholder="用户名"/>
    </div>
    <div>
        <input type="text" placeholder="账号"/>
    </div>
    <div>
        <input type="password" placeholder="密码" autocomplete="off" />
    </div>
</form>
<div>
    点击注册
</div>
<button type="button">登录</button>
<button type="button">注册</button>
</div>
```

2. 添加政策章名

HTML 代码如下:

```
<ul>
  <li>
    <span>第一章 总则</span>
    <i>></i>
  </li>
  <li>
    <span>第二章 规划与建设</span>
    <i>></i>
  </li>
  <li>
    <span>第三章 促进源头减量</span>
    <i>></i>
  </li>
  <li>
    <span>第四章 分类投放</span>
    <i>></i>
```

```
    </li>
    <li>
        <span>第五章 分类收集 </span>
        <i> > </i>
    </li>
    <li>
        <span>第六章 资源化利用 </span>
        <i> > </i>
    </li>
    <li>
        <span>第七章 社会参与 </span>
        <i> > </i>
    </li>
    <li>
        <span>第八章 监督管理 </span>
        <i> > </i>
    </li>
    <li>
            <span>第九章 法律责任 </span>
            <i> > </i>
            </li>
            <li>
                <span>第十章 附则 </span>
                <i> > </i>
            </li>
        </ul>
```

3. 添加政策条例

部分 HTML 代码如下：
```
<div>
    <ul>
        <li>
            <dt><a href="javascript:;">第一条 <i> > </i></a></dt>
            <dd>
                <span>
```
　　为了加强本市生活垃圾管理，改善人居环境，促进城市精细化管理，维护生态安全，保障经济社会可持续发展，根据《中华人民共和国固体废物污染环境防治法》《中华人民

共和国循环经济促进法》《城市市容和环境卫生管理条例》等法律、行政法规，结合本市实际，制定本条例。

```
                </span>
             </dd>
          </li>
       </ul>
   </div>
```

4. 使轮播图平铺

HTML 代码如下：

```
<div>
     <img src="images/lunbotu01.jpg" alt="">
     <img src="images/lunbotu02.jpg" alt="">
     <img src="images/lunbotu03.jpg" alt="">
     <img src="images/lunbotu04.jpg" alt="">
</div>
```

5. 添加志愿者招募

HTML 代码如下：

```
<div>
   <div>
       <h2>垃圾分类志愿者招募</h2>
   </div>
   <div>
       <input type="text" placeholder="姓名">
       <p></p>
       <input type="text" placeholder="电话">
       <p></p>
       <input type="date" min="2000-1-1" max="2023-1-1"/>
       <p></p>
       <div>
   <button type="submit">提交</button>
       </div>
         </div>
         </div>
```

6. 添加垃圾分类文字介绍

HTML 代码如下：

```
<div>
  <div>
    <div>
      <img src="images/page2_icon1.png">
    </div>
    <h2> 可回收垃圾 </h2>
    <h3>recyclable trash</h3>
  <div>
      <span>
```
可回收垃圾指适宜回收循环使用和资源利用的废物。主要包括纸类：未严重玷污的文字用纸、包装用纸和其他纸制品等，如报纸、各种包装纸、办公用纸、广告纸片、纸盒等；塑料：废容器塑料、包装塑料等塑料制品。
```
      </span>
    </div>
  </div>
  <div>
    <div>
      <img src="images/page2_icon2.png">
    </div>
    <h2> 有害垃圾 </h2>
    <h3>hazardous waste</h3>
  <div>
      <span>
```
有害垃圾指对人体健康或者自然环境造成直接或潜在危害的生活废弃物。常见的有害垃圾包括废灯管、废油漆、杀虫剂、废弃化妆品、过期药品、废电池、废灯泡、废水银温度计等，有害垃圾需按照特殊、正确的方法安全处理。
```
      </span>
    </div>
  </div>
  <div>
    <div>
      <img src="images/page2_icon3.png">
    </div>
    <h2> 其他垃圾 </h2>
```

```
<h3>other garbage</h3>
<div>
    <span>
```

其他垃圾指危害比较小，没有再次利用价值的垃圾，如建筑垃圾、生活垃圾等，一般都采取填埋、焚烧、卫生分解等方法处理，部分还可使用生物分解的方法解决，如放蚯蚓等。其他垃圾是指可回收物、厨余垃圾、有害垃圾剩余下来的一种垃圾种类。

```
    </span>
</div>
</div>
<div>
    <div>
        <img src="images/page2_icon4.png">
    </div>
    <h2> 厨余垃圾 </h2>
    <h3>Kitchen waste</h3>
    <div>
        <span>
```

厨余垃圾指居民日常生活及食品加工、饮食服务、单位供餐等活动中产生的垃圾，包括丢弃不用的菜叶、剩菜、剩饭、果皮、蛋壳、茶渣、骨头等，其主要来源为家庭厨房、餐厅、饭店、食堂、市场及其他与食品加工有关的行业。

```
        </span>
    </div>
</div>
</div>
```

7. 新闻中心部分

HTML 代码如下：

```
<div>
    <div>
        <span> 规划 </span>
    </div>
    <div>
        <span> 意见 </span>
    </div>
    <div>
        <span> 方案 </span>
    </div>
```

```
    </div>
    <div>
      <img src="images/page2_list1.jpg">
      <img src="images/page2_list2.jpg">
      <img src="images/page2_list3.jpg">
      <div class="list_btn btn1">《</div>
      <div class="list_btn btn2">》</div>
    </div>
    <div>
      <h3>国家发展改革委 住房和城乡建设部关于印发《"十四五"城镇生活垃圾分
类和处理设施发展规划》的通知 </h3>
      <div>
        <span>各省、自治区、直辖市及计划单列市、新疆生产建设兵团发展改革委,
各省、自治区住房城乡建设厅……</span>
      </div>
    </div>

    <div>
      <h3>住房和城乡建设部等部门印发《关于进一步推进生活垃圾分类工作的若干
意见》的通知 </h3>
      <div>
        <span>各省、自治区、直辖市人民政府,中央和国家机关有关部门、单
位……</span>
      </div>
    </div>

    <div>
      <h3>国家发展改革委 住房和城乡建设部关于印发《"十四五"黄河流域城镇污
水垃圾处理实施方案》的通知 </h3>
      <div>
        <span>山西省、内蒙古自治区、山东省……</span>
      </div>
    </div>
```

8. 尾部区域

HTML 代码如下:

```
<footer>
```

```
<ul>
    <li>
        <img src="icon/apple.svg">
        <span>iphone</span>
    </li>
    <li>
        <img src="icon/ipad.svg">
        <span>ipad</span>
    </li>
    <li>
        <img src="icon/android.svg">
        <span>Android</span>
    </li>
    <li>
        <img src="icon/windows.svg">
        <span>Windows</span>
    </li>
    <li>
        <img src="icon/iphone.svg">
        <span>其他手机</span>
    </li>
</ul>
<p>
    <a href="javascript：;">关于我们</a>
    <span class="line">|</span>
    <a href="javascript：;">联系我们</a>
    <span class="line">|</span>
    <a href="javascript：;">媒体合作</a>
    <span class="line">|</span>
    <a href="javascript：;">免责声明</a>
    <span class="line">|</span>
    <a href="javascript：;">服务条款</a>
    <span class="line">|</span>
    <a href="javascript：;">问题反馈</a>
</p>
<p>Copyright &copy;2005—2022 ××× × Rights Reserved.</p>
<p>× × × × × 版权所有粤网文 [× × × ×]× × × ×-× × × 号</p>
</footer>
```

【任务扩展】

1. 插入制作表格

（1）表格结构

①表格用 <table> 标签定义。每个表格均有若干行（由 <tr> 标签定义），每行被分割为若干单元格（由 <td> 标签定义）。字母 td 指表格数据（table data），即数据单元格的内容。

②每行（tr）都包含标题单元格（th）或数据单元格（td）。

③caption 可以为整个表格添加一个标题。

④数据单元格可以包含文本、图片、列表、段落、表单、水平线、表格等。

⑤表格的属性完全遵守 CSS 的语法规则。在样式表中可以对 table、td、th 元素设置 background、width 等属性，大多数用于其他 HTML 元素的文本格式和其他格式也可以应用于表格。

HTML 表格的基本结构：

<table>…</table>：定义表格

<th>…</th>：定义表格的标题栏（文字加粗）

<tr>…</tr>：定义表格的行

<td>…</td>：定义表格的列

例如，创建一个简单的表格，包含标题单元格的行和 4 个包含数据单元格的行，也包含 caption 元素，源代码如下：

```
<table>
  <caption>22 级计算机专业前三名学生成绩 </caption>
  <tr>
    <th> 班级 </th>
    <th> 姓名 </th>
    <th> 总分数 </th>
  </tr>
  <tr>
    <td>22 计 2</td>
    <td> 李明 </td>
    <td>292 分 </td>
  </tr>
  <tr>
    <td>22 计 1</td>
    <td> 刘华 </td>
```

```
        <td>289 分 </td>
    </tr>
    <tr>
        <td>22 计 4</td>
        <td> 张三 </td>
        <td>287 分 </td>
    </tr>
</table>
```

示例代码运行结果，如图 2-23 所示。

22级计算机专业前
三名学生成绩

班级	姓名	总分数
22计2	李明	292分
22计1	刘华	289分
22计4	张三	287分

图 2-23　示例代码运行结果

将表格分为头部、主体和底部 3 个部分。

通过 thead、tbody 和 tfoot 定义表格的不同部分。示例代码如下：

```
<table>
    <caption>22 级计算机专业前三名学生成绩 </caption>
    <thead style="background-color: aliceblue;">
        <tr>
            <th> 班级 </th>
            <th> 姓名 </th>
            <th> 总分数 </th>
        </tr>
    </thead>
    <tbody style="background-color: aqua;">
        <tr>
            <td>22 计 2</td>
            <td> 李明 </td>
            <td>292 分 </td>
        </tr>
        <tr>
            <td>22 计 1</td>
            <td> 刘华 </td>
            <td>289 分 </td>
        </tr>
    </tbody>
```

```
<tfoot style="background-color: aquamarine;">
    <tr>
        <td>22 计 4</td>
        <td> 张三 </td>
        <td>287 分 </td>
    </tr>
</tfoot>
</table>
```

示例代码运行结果，如图 2-24 所示。

22级计算机专业前三名学生成绩		
班级	**姓名**	**总分数**
22计2	李明	292分
22计1	刘华	289分
22计4	张三	287分

图 2-24　示例代码运行结果

（2）合并行

①在设计表格时，有时需要将"纵向的 n 个单元格"合并成一个单元格（类似 word 的表格合并），这时就需要用到"合并行"。

②每行（tr）都包含标题单元格（th）或数据单元格（td）。

③caption 可以为整个表格添加一个标题。

④合并行单元格可以包含文本、图片、列表、段落、表单、水平线、表格等。

⑤合并行的属性完全遵守 CSS 的语法规则。

⑥在需要合并纵向的 n 个单元格的地方，输入 rowspan="n"，这里的 n 是需要合并的行的行数。例如，<td rowspan="2">。

⑦表格中的每一列都应具有相同的单元格数量。跨越多行的单元格应算作多个单元格，它的 rowspan 属性值为多少，就算作多少个单元格。

例如，创建一个表格，用 <table> 标签实现。示例代码如下：

```
<table border="1px" style="width: 500px;height: 300px">
    <tr>
        <td>1</td>
        <td>2</td>
        <td>3</td>
    </tr>
    <tr>
        <td>4</td>
        <td>5</td>
        <td>6</td>
```

```
    </tr>
    <tr>
      <td>7</td>
      <td>8</td>
      <td>9</td>
    </tr>
  </table>
```

示例代码运行结果，如图 2-25 所示。

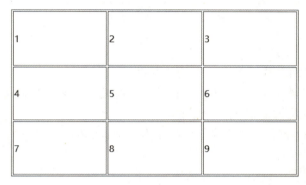

图 2-25　示例代码运行结果

合并第一列的行：

用 rowspan 实现，后面的值是要合并的行数，这里需要合并 3 行，所以 rowspan＝"3"。示例代码如下：

```
<table border="1px" style="width: 500px;height: 300px">
  <tr>
    <td rowspan="3">1</td>
    <td>2</td>
    <td>3</td>
  </tr>
  <tr>
    <td>5</td>
    <td>6</td>
  </tr>
  <tr>
    <td>8</td>
    <td>9</td>
  </tr>
</table>
```

示例代码运行结果，如图 2-26 所示。

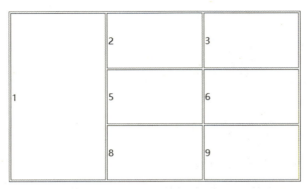

图 2-26　示例代码运行结果

（3）合并列

①使单元格跨越两个或两个以上列的步骤：

②在需要定义跨越一个以上的列的单元格的地方，如果为标题单元格，输入 <th 后加一个空格，否则输入 <td 后加一个空格。

③输入 colspan = "n" >，这里的 n 是单元格要跨越的列数。

④输入单元格的内容。

⑤根据前面的内容，输入 </th> 或者 </td>。

例如，创建一个表格，用 <table> 标签来实现。示例代码如下：

```
<table border = "1px" style = "width: 500px;height: 300px">
  <tr>
    <td>1</td>
    <td>2</td>
    <td>3</td>
  </tr>
  <tr>
    <td>4</td>
    <td>5</td>
    <td>6</td>
  </tr>
  <tr>
    <td>7</td>
    <td>8</td>
    <td>9</td>
  </tr>
</table>
```

示例代码运行结果，如图 2-27 所示。

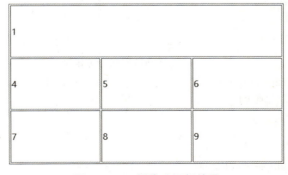

图 2-27　示例代码运行结果

合并第一行的列：

用 colspan 实现，后面的值是要合并的列数，这里需要合并 3 列，所以 colspan="3"。
示例代码如下：

```
<table border="1px" style="width: 500px; height: 300px">
  <tr>
    <td colspan="3">1</td>
  </tr>
  <tr>
    <td>4</td>
    <td>5</td>
    <td>6</td>
  </tr>
  <tr>
    <td>7</td>
    <td>8</td>
    <td>9</td>
  </tr>
</table>
```

示例代码运行结果，如图 2-28 所示。

图 2-28　示例代码运行结果

（4）合并表格边框

①在 HTML 中，表格的边框默认是分开显示的，需要通过 CSS 设置合并边框。

②使用 border-collapse 属性合并边框，border-collapse 属性设置表格的边框是否被合并为一个单一的边框，还是和在标准的 HTML 中一样分开显示。

border-collapse 的属性值：

①separate：默认值。边框会被分开。不会忽略 border-spacing 和 empty-cells 属性。

②collapse：如果可能，边框会合并为一个单一的边框。会忽略 border-spacing 和 empty-cells 属性。

③inherit：规定应该从父元素继承 border-collapse 属性的值。

例如，创建一个表格，用 <table> 标签实现，示例代码如下：

```
<table border="1px" style="width: 500px;height: 300px">
  <tr>
    <td>1</td>
    <td>2</td>
    <td>3</td>
  </tr>
  <tr>
    <td>4</td>
    <td>5</td>
    <td>6</td>
</table>
```

示例代码运行结果，如图 2-29 所示。

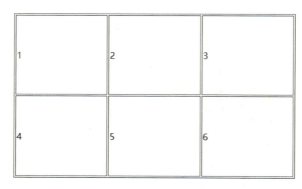

图 2-29　示例代码运行结果

将边框合并用 border-collapse 实现，通过使用 border-collapse：collapse 可以对表格设置合并的边框效果。示例代码如下：

```
table
  {
    border-collapse：collapse;
  }
```

示例代码运行结果，如图 2-30 所示。

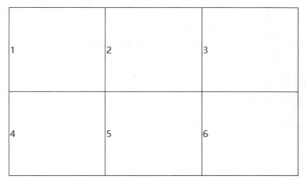

图 2-30　示例代码运行结果

（5）边框间距

在 HTML 中，表格的边框默认是分开显示的，需要通过 CSS 属性对边框间距进行设置。

order 设置边框值，cellspacing 设置表格与 tr 之间的间隔，cellpadding 设置 tr 与 tr 之间的间隔。

border＝"1" 表示给整个表格（包括表格及每一个单元格）加上 1 px 的黑色边框。

cellspacing 属性规定单元之间的空间，以像素计。若不设置该属性，则其默认值为 cellspacing＝"2"。

cellpadding 属性规定单元边沿与单元内容之间的空间，以像素计。从实用角度出发，最好不要规定 cellpadding，而是使用 CSS 来添加 padding（内边距）。

注意：请勿将该属性与 cellspacing 属性混淆，cellspacing 属性规定的是单元之间的空间。

例如，创建一个边框为 5 px 的表格，用 border 属性实现。

这里使 border 的属性值等于 5，示例代码如下：

```
<table border＝"5" style＝"width: 200px;height: 100px">
   <tr>
      <td>1</td>
      <td>2</td>
      <td>3</td>
   </tr>
   <tr>
      <td>4</td>
      <td>5</td>
      <td>6</td>
   </tr>
</table>
```

示例代码运行结果，如图 2-31 所示。

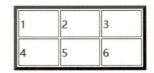

图 2-31　示例代码运行结果

规定单元格之间的空间（边框间距）为 0 px。

这里使 cellspacing 的属性值为 0。示例代码如下：

```
<table border="5" cellspacing="0" style="width: 200px; height: 100px">
    <tr>
        <td>1</td>
        <td>2</td>
        <td>3</td>
    </tr>
    <tr>
        <td>4</td>
        <td>5</td>
        <td>6</td>
</table>
```

示例代码运行结果，如图 2-32 所示。

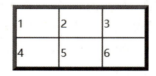

图 2-32　示例代码运行结果

2. 插入下拉列表

下拉列表标签的使用方法与列表类似，由 <select><option> 配合使用。所有的主流浏览器都支持 select 元素；可以使用 CSS 来改变列表的样貌；可以用属性来决定是单选列表还是多选列表。

定义和用法：

（1）<select></select> 标签：创建下拉列表。

select 标签的常用属性：

①name：与其他表单元素相同，下拉列表要想被正确提交，就需要设置 name 属性。

②size：使页面显示多个选项。

③multiple：下拉列表默认只允许选择一个选项，如果允许用户选择多个，就要用到 multiple 属性。当 multiple="multiple" 时，表示允许用户选择多个选项。

（2）＜option＞＜/option＞标签：创建下拉选项内容。

option 标签的常用属性：

①selected：通过 selected="selected" 实现某一项的预先选中。

②value：定义当下拉列表在提交时，发送给服务器的值。

例如：

● name 属性的用法。

通过运行结果可以发现，name 属性并不会显示在页面上。下拉列表的 name 属性与 input 标签的 name 属性作用相同，主要用来提交数据。示例代码如下：

```
＜form action="" method="post"＞
        年龄区间：
        ＜select name="selectList"＞
            ＜option＞18 岁以下 ＜/option＞
            ＜option＞18-28 岁 ＜/option＞
            ＜option＞28-38 岁 ＜/option＞
            ＜option＞38 岁以上 ＜/option＞
        ＜/select＞
    ＜/form＞
```

示例代码运行结果，如图 2-33 所示。

图 2-33　示例代码运行结果

● size 和 multiple 属性的用法。

通过前面运行的结果可以发现，下列列表默认只展示且只能选一个选项，为了能多展示并多选，就需要用到 size（显示多个选项）和 multiple（允许用户多选）。注意：需要按住 "Ctrl" ＋ 鼠标左键完成多选。示例代码如下：

```
＜form action="" method="post"＞
        年龄区间：
        ＜select name="selectList" size="4" multiple="multiple"＞
            ＜option＞18 岁以下 ＜/option＞
            ＜option＞18-28 岁 ＜/option＞
            ＜option＞28-38 岁 ＜/option＞
            ＜option＞38 岁以上 ＜/option＞
        ＜/select＞
    ＜/form＞
```

示例代码运行结果，如图 2-34 所示。

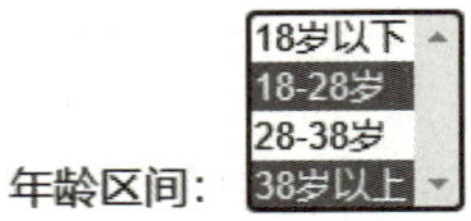

图 2-34　示例代码运行结果

【直通考证】

单选题

1. 在 form 标签中，属性 method 的值有（　　　）。

    A. request   B. get   C. post   D. 以上都正确

2. 下列哪项不是表示按钮？（　　　）

    A. type = "submit"   B. type = "reset"   C. type = "select"   D. type = "button"

3. 下列哪些元素是表单控件元素？（　　　）

    A. <input type = "text">   B. <select>

    C. <textarea>   D. <datalist>

【任务评价】

任务	内容	配分 / 分	得分 / 分
制作登录板块及中间区域	能熟练使用 form 标签	20	
	能熟练使用 button 标签	20	
	理解表格的基本结构	20	
	了解表格合并行、列	20	
	了解表格边框合并	10	
	能熟练使用下拉列表	10	
总分		100	

项目三

使用 CSS 样式美化网页

　　通过项目二的学习，王华学会了利用 HTML 构建"环保网"的基础结构，但怎样使网页的各个部分更美观呢？张涛告诉王华，这就要用到 CSS 技术，它可以有效地对页面的布局、字体、颜色、背景和其他效果实现更加精确的控制，可以改变同一页面的不同部分，或者页数不同的网页的外观和格式。

　　在本项目中，王华需要学习使用 CSS 样式对搭建好的网页进行美化。CSS 是一种用来表现 HTML（标准通用标记语言的一个应用）或 XML（标准通用标记语言的一个子集）等文件样式的计算机语言。

　　本项目工作包括：

◆ 美化网页头部区域；

◆ 美化网页尾部区域；

◆ 美化网页其他区域。

微 课

任务一　美化网页头部和尾部区域

【任务描述】

在使用 HTML 代码搭建网页结构后，王华开始运用 CSS 对网页头部和尾部区域进行美化。头部区域展示网站的主题，显示网页主要包含的内容，提供了相关新闻的搜索栏。尾部区域包括关于站点的联系方式、版权等基本信息和相关图片。

完成本任务后，你应该会：

①认识 CSS 选择器及设置盒模型；

②设置背景样式；

③设置文本样式及行高；

④实现弹性布局；

⑤美化图片；

⑥通过美化页面布局提升审美能力和自学能力。

【预期呈现效果】

图 3-1　"环保网"头部截图

图 3-2　"环保网"尾部截图

【知识准备】

1. 认识 CSS 选择器及设置盒模型

（1）什么是 CSS

CSS 即层叠样式表，是多重样式被重叠在一起形成的一个整体，是一种标准的布局语言，用来控制网页的尺寸、颜色和排版。

三 使用 CSS 样式美化网页 | 59

（2）CSS 的作用

在 HTML 中，有的标签如 <b><i> 等可以控制网页的显示效果，但这些标签功能非常有限，对网页的一些特殊效果不能实现的，需要用 CSS 完成。

引用 CSS 样式表的目的是将网页结构代码和网页格式风格代码分开，从而使网页更容易控制和维护。用 CSS 样式表可以同时控制多张表格。

（3）CSS 语法

CSS 规则集（rule-set）由选择器和声明块组成。

选择器指向需要设置样式的 HTML 元素。

声明块包含一条或多条用分号分隔的声明。

每条声明都包含一个 CSS 属性名称和一个值，以冒号分隔。

多条 CSS 声明用分号分隔，声明块用花括号括起来。

CSS 语言用这种方式为某个对象设置样式。

（4）CSS 引入方式

①行内 CSS。行内样式（也称内联样式）可用于为单个元素应用唯一的样式。

如需使用行内样式，请将 style 属性添加到相关元素。style 属性可包含任何 CSS 属性。

②内部 CSS。如果想要一张 HTML 页面拥有唯一的样式，那么可以使用内部样式表。内部样式是在 head 部分的 <style> 元素中进行定义的。

③外部式。这种也是工作中使用最多的，遇到代码很多的项目时，通常会在外面新建一个 CSS 文件，专门储存样式，然后通过 link 标签引入。link 标签写在 head 标签里面。link 标签的格式如下：

　　　　<link rel="stylesheet" type="text/css" href="mystyle.css">

rel 定义当前文档与被链接文档之间的关系，这里是外部 CSS 样式表，即 stylesheet。

type 规定被链接文档的类型，这里的值为 text/css。

href 值为外部资源地址，这里是 CSS 的地址。link 语句写在 html 文件的 head 标签里。

（5）标签选择器

标签选择器根据元素的名称来选择某个 HTML 元素，如 h1、p 等是比较简单的选择器。其格式如下：

元素名称 { 属性 1：值 1; 属性 2：值 2; 属性 3，值 3;…… }

　　属性说明：

　　text-align：文字的位置属性；

　　color：颜色属性；

　　background-color：背景颜色属性。

（6）id 选择器

①id 属性：HTML 核心属性，也是全局属性。用于为 HTML 元素定义唯一标识符（称为 id）。在 HTML 文档中，id 必须确保唯一。

②id 选择器：利用元素的 id 值选择元素，为元素指定样式选择器。其引用格式如下：

　#id 值 { 属性 1：值 1; 属性 2：值 2; 属性 3：值 3;……}

说明：

id 值具有唯一性，不允许出现两个相同的 id 值。

id 名通常以字母开始，中间可以出现字母，"-"和"—"等特殊符号，不能出现空格，也不能用数字开头。

（7）class 选择器

①class 选择器用于描述一组元素的样式，class 选择器有别于 id 选择器，class 可以在多个元素中使用 class 选择。

②基本引用格式如下：

元素名称：class 值 { 属性 1：值 1; 属性 2：值 2; 属性 3：值 3;……}

元素名称可以省略，省略后表示在所有的元素中选择，如果指定在某类型元素的相同 class 属性，那么需要指定元素名称。

说明：

class 属性不具备唯一性。

class 命名规范和 id 值相同，通常是以字母开头的，值不能出现空格。

类选择器也可以配合派生选择器，与 id 选择器不同的是，元素可以基于它的类而被选择。

（8）组合选择器

组合选择符说明了两个选择器之间的关系。CSS 组合选择符包括各种简单选择符的组合方式。在 CSS3 中包含了 4 种组合方式：

①后代选择器（以空格" "分隔）。

后代选择器用于选取某元素的后代元素。

②子元素选择器（以大于">"分隔）。

与后代选择器相比，子元素选择器只能选择作为某元素直接/一级子元素的元素。

③相邻兄弟选择器（以加号"+"分隔）。

相邻兄弟选择器可选择紧接在另一元素后的元素，且二者有相同父元素。

如果需要选择紧接在另一个元素后的元素，而且二者有相同的父元素，可以使用相邻兄弟选择器。

④通用兄弟选择器（以波浪号"～"分隔）。

通用兄弟选择器匹配属于指定元素的同级元素的所有元素。

如果要为不同的 HTML 对象定义相同的样式时，可以采用群组声明，如 p，h1{ color：

red;}。

（9）伪类选择器

①定义。

伪类用于定义元素的特殊状态。例如，它可以用于：

● 设置鼠标悬停在元素上时的样式；

● 为已访问和未访问链接设置不同的样式；

● 设置元素获得焦点时的样式。

②语法。

　元素选择符：伪类名｛属性名：属性值；｝

CSS 中常用的伪类见表 3-1。

表 3-1　常用的伪类

伪类名	含义
: active	向被激活的元素添加样式
: focus	向拥有输入焦点的元素添加样式
: hover	向拥有输入焦点的元素添加样式
: link	向未被访问的链接添加样式
: visited	向已被访问的链接添加样式

（10）盒模型

①根据 W3C 的规范，元素内容占据的空间是由 width 属性设置的，而内容周围的 padding 和 border 值是另外计算的。

②所有 HTML 元素都可以看作盒子，在 CSS 中，"box model" 这一术语是设计和布局时使用的。

③为了提高代码的美观性和可读性，应习惯采用缩进的方式书写代码。

CSS 盒模型，又称框模型（Box Model），包含元素内容（content）、内边距（padding）、边框（border）、外边距（margin）几个要素，如图 3-3 所示。

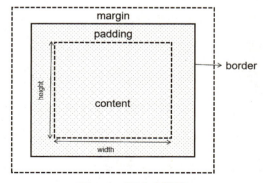

图 3-3　CSS 盒模型

④盒模型的宽和高。

CSS 属性，用 width 属性表示盒模型的宽度，用 height 属性表示盒模型的高度，对应的属性值都有 auto、长度、百分比和 inherit; 还可以用 min-width、max-width、min-height、max-height 来设置盒模型的最小宽度、最大宽度、最小高度、最大高度。

在"环保网"的头部标签中，为标签添加类名选择器如下：

```
<div class="top">
        <div class="top_w">
            <ul class="ul-1">
                <li><a href="login.html"> 你好，请登录 </a></li>
                <li><a href=""> 免费注册 </a></li>
            </ul>
        </div>
    </div>
```

通过选择器设置盒子宽和高的代码如下：

```
.top{
    width: 100%;
}
.top .top_w{
    width: 1100px;
    margin: 0 auto;
}
.top_w.ul-1{
}
.top_w.ul-1 li{
    margin: 0 10px;
}
```

盒模型关系图如图 3-4 所示。

你好，请登录
免费注册

div.top_w 1100 × 42

图 3-4　盒模型关系图

运行效果图如图 3-5 所示。

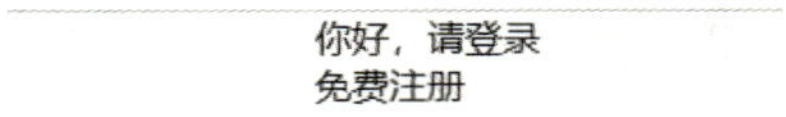

你好，请登录
免费注册

图 3-5　运行效果

2. 设置背景样式

（1）设置背景颜色

①background-color 属性的定义和用法。

Background-color 用于设置背景颜色，初始值为 transparent（透明色）。既可以用 inherit 从父元素继承 background-color 属性设置，也可以直接取想要的颜色。

②background-color 的颜色取值。

同 color 属性的颜色取值一样，background-color 的颜色取值也主要有 3 种方式：颜色名、十六进制颜色和 rgb 函数。因前面已经讲过，这里不再赘述。

（2）设置背景图片

①background-image 属性的定义和用法。

background-image 用于设置元素的背景图片，默认值为 none（不显示背景图片）。如果设置了图片的 URL，则会从元素的左上角开始放置背景图片，并沿着 x 轴和 y 轴平铺，占满元素的全部尺寸。通常需要配合 background-repeat 控制图片的平铺。

②常用的背景图片样式属性：

background-repeat：设置图片平铺（repeat）和不平铺（no-repeat），已经平铺的方向。

background-repeat 属性的常用属性值：

- repeat：默认值，即图片沿着 x 轴和 y 轴平铺；
- repeat-x：图片只沿着 x 轴平铺；
- repeat-y：图片只沿着 y 轴平铺；
- no-repeat：图片不平铺；
- background-attachment：用于设置背景图片是否固定或随着页面其余部分滚动；
- background-position：用于设置背景图片原点的位置；
- background-clip：设置背景覆盖范围；
- background-origin：设置背景覆盖的起点；
- background-size：设置背景的大小；
- background：简写属性。

（3）设置背景图片位置

①background-position 属性的定义和用法。

用于设置背景图片原点的位置，如果图片需要平铺，则从这一点开始平铺，默认为左上角的位置，写作"0 0;"。

②background-position 属性的常用属性值。

其属性值有以下 3 种写法：

①位置参数：x 轴上有 3 个参数，分别是 left、center、right；y 轴上也有 3 个参数，分别是 top、center、bottom。表示方法为：background-position：left bottom;（表示左下角）。

②百分比：写作 x% y%，第一个表示 x 轴的位置，第二个表示 y 轴的位置，例如，右下角写作 100% 100%。

③长度：写作 x y，第一个表示 x 轴离原点的长度，第二个表示 y 轴离原点的长度。单位可以是 px 也可以是其他。

（4）固定背景图片

①background-attachment 属性的定义和用法。

用于设置背景图片是否固定或随页面其他部分滚动，初始值为 scroll，默认会滚动。

②background-attachment 属性的常用属性值。

● scroll：默认值。背景图片会随着页面其余部分的滚动而移动；

● fixed：当页面的其余部分滚动时，背景图片不会移动。

在"环保网"头部标签中，为类名是 top 的父级 div 标签设置背景颜色的代码为：

```
.top{
    width: 100%;
    background-color: #f1f1f1;
}
```

效果图如图 3-6 所示。

图 3-6　运行截图

3. 设置文本样式

HTML 最核心的内容是以文本内容为主，CSS 也为 HTML 的文字设置了字体属性如下：

（1）font-family

设置元素的字体类型，元素属性值一般可以设置多个字体，相当于是用来设置字体的优先级列表。

（2）font-size

设置字体的尺寸，实际上它是设置字体中字符框的高度；实际的字符字形可能比这些框高或者低。该属性取值有以下几种：

①绝对大小：取值范围从 xx-small 到 xx-large，默认 medium。

②相对大小：设置的尺寸是相对于父元素而言的，取值为 smaller 或者 larger。

③长度：设置成一个固定值。

④百分比：设置的尺寸是基于父元素的一个百分比。

（3）font-style

定义字体风格：

①Normal：默认值，显示效果为标准效果。

②Italic：斜体。

③Inherit：继承父元素的属性。

（4）font-variant

设置字体使用小写字体。

Normal：默认值。

（5）Small-caps

所有的小写字母均会被转换为大写，但是所有使用小型大写字体的字母与其余文本相比，字体尺寸更小。

（6）font-weight

用于设置字体的粗细，其值如下：

①Normal：默认值，正常字体的粗细，等同于 400；

②Bold：粗体，等同于 700；

③Lighter：比元素更细的字体。

（7）line-height

用于指定行之间的间距：

①Normal：默认值，显示为合理的行间距；

②Number：数字，可以是小数，此数字会与当前的字体尺寸相乘设置行间距；

③长度：设置固定的行间距；

④百分比：基于当前字体尺寸的百分比设置行间距；

⑤Inherit：从父元素继承 line-height 设置。

在"环保网"头部标签中，设置字体样式、文字行高代码为：

```
.top{
    width: 100%;
    background-color: #f1f1f1;
    line-height: 30px;
    font-family: " 宋体 ";
}
.top.top_w{
    width: 1100px;
    margin: 0 auto;
}
.top_w.ul-1 li{
    margin: 0 10px;
    font-size: 12px;
    font-weight: 400;
```

```
}
.top_w.ul-1 li: nth-child(2) a{
    color: #FF0000;
}
```

运行效果图如图 3-7 所示。

图 3-7　运行效果

4. 学习弹性布局及 display 属性

（1）弹性盒

①justify-content 是主轴对齐方向，其中各属性值所代表的含义为：

flex-start：起点是主轴开始的方向。

flex-end：终点对齐，终点是主轴的结束方向。

center：居中对齐。

space-between：两端对齐。

space-around: 各行在弹性盒容器中平均分布，两端保留子元素与子元素之间间距大小的一半。

②align-items：设置或检索弹性盒子元素在侧轴（纵轴）方向上的对齐方式，其中各属性值所代表的含义为：

flex-start：弹性盒子元素的侧轴（纵轴）起始位置的边界紧靠在该行的侧轴起始边界。

flex-end：弹性盒子元素的侧轴（纵轴）起始位置的边界紧靠在该行的侧轴结束边界。

center：弹性盒子元素在该行的侧轴（纵轴）上居中放置（如果该行的尺寸小于弹性盒子元素的尺寸，则会向两个方向溢出相同的长度）。

baseline：如弹性盒子元素的行内轴与侧轴为同一条，则该值与"flex-start"等效。其他情况下，该值将参与基线对齐。

stretch：如果指定侧轴大小的属性值为"auto"，则其值会使项目的边距盒的尺寸尽可能地接近所在行的尺寸，但同时会遵照"min/max-width/height"属性的限制。

③align-self 属性用于设置弹性元素自身在侧轴（纵轴）方向上的对齐方式。各属性值的含义为：

auto：如果"align-self"的值为"auto"，则其计算值为元素的父元素的"align-items"值，如果它没有父元素，则计算值为"stretch"。

flex-start：弹性盒子元素的侧轴（纵轴）起始位置的边界紧靠在该行的侧轴起始边界。

flex-end：弹性盒子元素的侧轴（纵轴）起始位置的边界紧靠在该行的侧轴结束边界。

center：弹性盒子元素在该行的侧轴（纵轴）上居中放置（如果该行的尺寸小于弹性盒子元素的尺寸，则会向两个方向溢出相同的长度）。

baseline：如弹性盒子元素的行内轴与侧轴为同一条，则该值与"flex-start"等效。其他情况下，该值将参与基线对齐。

stretch：如果指定侧轴大小的属性值为"auto"，则其值会使项目的边距盒的尺寸尽可能地接近所在行的尺寸，但同时会遵照"min/max-width/height"属性的限制。

（2）display 属性

display 用于设置元素如何显示。其属性值主要有以下几种：

● none：此元素不会被显示。

● block：此元素将显示为块级元素，元素前后会有换行符，可以设置它的宽高和上右下左内外边距。

● inline：此元素会被显示为内联元素，元素前后没有换行符，也无法设置宽高和内外边距。

● inline-block：此元素会被认为是行内块元素，这种元素既具有 block 元素，可以设置宽高属性，又保持了 inline 元素不换行的特性。

● inherit：继承父元素的 display 设置。

● flow：该元素使用流式布局（块和内联布局）来排布它的内容。

● flex：该元素的行为类似块级元素并且根据弹性盒模型布局它的内容。

● grid：该元素的行为类似块级元素并且根据网格模型布局它的内容。

①将 a 连接设置为块级元素。

示例代码如下：

```
a{
    display: block; /* 显示为块级元素 */
}
    <a href="#"> 你好，请登录 </a>
    <a href="#"> 用户注册 </a>
```

前后运行结果，如图 3-8 所示。

你好，请登录 用户注册 ➡ 你好，请登录
用户注册

图 3-8　前后运行结果

②将 div 元素部分不显示。

示例代码如下：

```
div {
    display: none;
}
<p> 让 div 元素不显示出来 </p>
<div>div 元素的内容不会显示出来 </div>
```

运行结果如图 3-9 所示。

让div 元素不显示出来

图 3-9　运行结果

在"环保网"头部标签中，给类名为 ul-1 的标签设置对齐方式为右对齐，代码如下：

```
.top_w .ul-1{
    display: flex;
    justify-content: flex-end;
}
```

效果图如图 3-10 所示。

你好，请登录　　免费注册

图 3-10　运行效果

5. 美化图片样式

（1）图片格式和图片大小

常见的图片格式有：

● jpg：支持颜色比较多，图片可以压缩，但不支持透明，通常用它来保存颜色丰富的图片。

● gif：支持动态图，支持简单透明（直线透明）。

● png：支持颜色多，支持复杂的透明。

<img> 标签的 height 和 width 属性设置图片的尺寸。用 height 表示高，width 表示宽。

* 如果设置了宽、高属性，可以在页面加载时为图片预留空间。如果没有这些属性，浏览器就无法了解图像的尺寸，也就无法为图像保留合适的空间，因此，当图片加载时，页面的布局就会发生变化。

height 和 width 属性使其无须指定图片的实际大小，浏览器会自动调整图片，使其适应这个预留空间的大小。使用这种方法可以很容易地为大图片创建其缩略图，以及放大很小的图片。但是，如果没有保持其原来的宽度和高度比例，图片会发生扭曲。

如果不想图片扭曲，就应该提供一个的值而忽略另一个值，那么无论是放大还是缩小，浏览器都将保持图片的宽高比例，图片也就不会发生扭曲。

（2）图片边框

给图片加边框的方法一般有两种：一种是直接对 img 元素使用 border 属性；另一种是给图片外面套一个 div 盒子，对 div 元素使用 border 属性，与单独为一个图片设置 border 属性相比，这种方式无疑拥有更高的效率。

对 img 元素使用 border 属性，可产生不同粗细的图片边框。

示例代码如下：

```
<img src="img/logo-201305.png"  alt="logo" border="1">
```

＜img src＝"img/logo-201305.png"   alt＝"logo" border＝"4"＞
 ＜img src＝"img/logo-201305.png"   alt＝"logo" border＝"9"＞
不同粗细的图片边框如图 3-11 所示。

图 3-11   不同粗细的图片边框

给图像加一像素为 5 px，颜色为绿色的虚线边框。

方法一：直接给 img 元素使用 border 属性，示例代码如下：

```
   img{
border: dashed 5px green;
        }
```

 ＜img src＝"img/logo-201305.png"   alt＝"logo"＞
方法一边框效果如图 3-12 所示。

图 3-12   方法一边框效果

方法二：给图片外面套一个 div 盒子，对 div 元素使用 border 属性，示例代码如下：

```
   div{
border: dashed 5px green;
        }
```

 ＜div＞
    ＜img src＝"img/logo-201305.png"   alt＝"logo"＞
 ＜/div＞
方法二边框效果如图 3-13 所示。

图 3-13   方法二边框效果

从如图 3-12 和图 3-13 中可以看出方法二与方法一得出的效果并不完全相同，这是没有对图片设置宽度，这时只要使图片的宽高和 div 一样即可。示例代码如下：

 ＜img src＝"img/logo-201305.png"   alt＝"logo"   width＝"100%"＞
更改后的图片边框效果如图 3-14 所示。

图 3-14   更改后的图片边框效果

（3）图片对齐方式

align 属性规定了图像相对于周围元素的对齐方式。

语法：＜img align＝"left|right|middle|top|bottom"＞

属性值：

- left：将图片对齐到左边；
- right：将图片对齐到右边；
- middle：将图片与中央对齐；
- top：将图片与顶部对齐；
- bottom：将图片与底部对齐（默认属性值）。

示例代码如下：

```
<h2> 未设置对齐方式：</h2>
<p> 图片 <img src="img/62f56f20db94dyOo.gif"> 在文本中 </p>
<h2> 已设置对齐方式：</h2>
<p> 图片 <img src="img/62f56f20db94dyOo.gif" align="bottom"> 在文本中 </p>
<p> 图片 <img src="img/62f56f20db94dyOo.gif" align="middle"> 在文本中 </p>
<p> 图片 <img src="img/62f56f20db94dyOo.gif" align="top"> 在文本中 </p>
```

注意：

img 标签不区分大小写。

- 为了提高代码的美观性和可读性，应习惯采用缩进的方式书写代码。
- 为了养成良好的书写代码的习惯，应在每个语句书写完成后加分号（;）表示结束。
- 可以用注释对代码进行介绍，提高代码的可读性。
- 掌握图片路径的基础知识，能够写出图片所在的路径链接。为把图片添加到网页打基础。
- ＜img＞ 标签支持全局标准属性和全局事件属性。

在"环保网"头部网站中，搭建盒子框架、插入图片标签代码如下：

```
<div class="header">
        <div class="header_w">
            <div class="logo">
                <img src="images/logo-201305.png">
            </div>
            <div class="search">

            </div>
        </div>
    </div>
```

运行效果图如图 3-15 所示。

图 3-15 运行效果

设置 CSS 样式，示例代码如下：

```
img{
    width: 100%;
    display: block;
}

.header{
    width: 100%;
}
.header .header_w{
    display: flex;
    width: 1100px;
    padding: 10px 0;
    margin: 0 auto;
}
.header_w .logo{
    width: 200px;
    margin-right: 100px;
}
.header_w .search{
    display: flex;
    width: 530px;
    height: 33px;
    margin: 20px 0;
}
```

盒模型如图 3-16 所示。

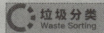

图 3-16 盒模型

运行效果图如图 3-17 所示。

图 3-17 运行效果

在 logo 图片右侧添加边框，并添加 CSS 样式，示例代码如下：

```
.header{
    width: 100%;
    border-bottom: 2px solid #b1191a;
}
.header_w .search{
    display: flex;
    width: 530px;
    height: 33px;
    margin: 20px 0;
    border: 2px solid #FF0000;
}
.header_w .search input{
    width: 450px;
    height: 100%;
    text-indent: 10px;
}
```

运行效果图如图 3-18 所示。

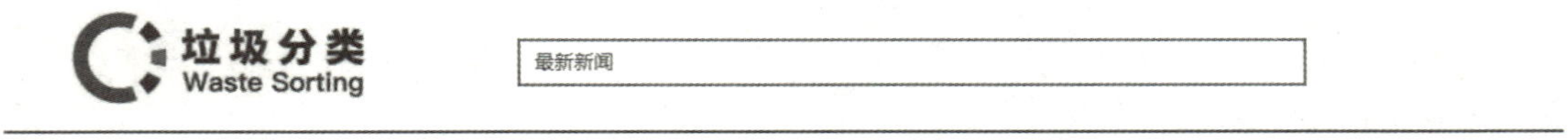

图 3-18　运行效果

通过对 label 标签设置样式，在搜索框右侧添加"搜索"，示例代码如下：

```
.header_w .search label{
    display: block;
    width: 80px;
    height: 100%;
    background-color: #b61d1d;
    color: #FFF;
    text-align: center;
    line-height: 27px;
}
```

运行效果图如图 3-19 所示。

图 3-19　运行效果

根据所学知识，制作头部标签的导航条，搭建 div 框架，示例代码如下：

```
<div class="tab_w">
        <div class="tab_title">
            <span> 政策条例 </span>
        </div>
        <ul class="ul-1">
            <li>
                <a href="#"> 首页 </a>
            </li>
            <li>
                <a href="#"> 垃圾分类 </a>
            </li>
            <li>
                <a href="#"> 新闻动态 </a>
            </li>
            <li>
                <a href="#"> 志愿者报名 </a>
            </li>
            <li>
                <a href="#"> 联系我们 </a>
            </li>
        </ul>
    </div>
```

添加 CSS 样式，示例代码如下：

```
.header .tab_w{
    display: flex;
    width: 1100px;
    margin: 0 auto;
}
.header .tab_w.tab_title{
    width: 205px;
    height: 45px;
    padding: 0 10px;
    background-color: #b1191a;
    line-height: 45px;
    color: #FFF;
}
.header .tab_w .ul-1{
    display: flex;
```

```
        margin-left: 40px;
    }
.header .tab_w.ul-1 li{
        transition: .3s;
        padding: 0 20px;
        line-height: 45px;
        font-size: 14px;
    }
.header .tab_w.ul-1 li: hover{
        background-color: #c81623;
        color: #FFF;
    }
```

头部标签完整效果图如图 3-20 所示。

图 3-20　完整效果

【任务实施】

1. 制作网站头部

HTML 部分代码如下：

```html
<div id="loading">
        <div class="loader loader--style3">
            <div class="yuan"></div>
        </div>
    </div>
    <div class="main">
        <div class="top">
            <div class="top_w">
                <ul class="ul-1">  <!-- 用列表制作登录和注册板块 -->
                <li><a href="login.html">你好，请登录</a></li>  <!-- 链接登录
窗口界面 -->
                    <li><a href="">免费注册</a></li><!-- 链接免费注册界面 -->
                </ul>
```

```
            </div>
        </div>
        <div class = "header">
            <div class = "header_w">
                <div class = "logo">
                    <img src = "images/logo-201305.png">  <!-- 放置网站标志图片 -->
                </div>
                <div class = "search"> <!-- 添加搜索栏 -->
                <input type = "text" id = "search" placeholder = " 最 新 新 闻 "/>  <!-- 添
加搜索栏文本框，并设置提示文字 -->
                    <label for = "search"> 搜索 </label>  <!-- 设置搜索标签 -->
                </div>

            </div>
            <div class = "tab_w">
                <div class = "tab_title">
                    <span> 政策条例 </span> <!-- 左侧导航栏的标题提示 -->
                </div>
                <ul class = "ul-1"> <!-- 用列表制作主页导航条 -->
                    <li>
                        <a href = "#"> 首页 </a>
                    </li>
                    <li>
                        <a href = "#"> 垃圾分类 </a>
                    </li>
                    <li>
                        <a href = "#"> 新闻动态 </a>
                    </li>
                    <li>
                        <a href = "#"> 志愿者报名 </a>
                    </li>
                    <li>
                        <a href = "#"> 联系我们 </a>
                    </li>
                </ul>
            </div>
        </div>
    CSS 部分示例代码如下：
```

```
.header{
    width: 100%;    /* 设置 div 宽度 */
    border-bottom: 2px solid #b1191a;    /* 头部区域用 div 红色下边框线分区 */
}
.header .header_w{
    display: flex;         /* 设置弹性盒子，进行头部区域布局 */
    width: 1100px;         /* 设置盒子宽度 */
    padding: 10px 0;       /* 设置内边距 */
    margin: 0 auto;        /* 盒子居中 */
}
.header_w .logo{          /* 站点标志图片宽度设置 */
    width: 200px;         /* 标志图片宽度设置 */
    margin-right: 100px;   /* 图片右边距 */
}
.header_w .search{
    display: flex;         /* 设置弹性盒子，放置在搜索栏区域 */
    width: 530px;     /* 设置盒子宽 */
    height: 33px;     /* 设置盒子高 */
    margin: 20px 0;        /* 设置外边距 */
    border: 2px solid #FF0000;  /* 设置盒子边框线样式 */
}
.header_w .search input{
    width: 450px;          /* 搜索栏输入框宽度 */
    height: 100%;          /* 搜索栏输入框宽度与外层 div 相同 */
    text-indent: 10px;     /* 文字缩进距离 */
}
.header_w .search label{
    display: block;    /* 把搜索标签显示为块元素 */
    width: 80px;      /* 设置搜索标签宽度 */
    height: 100%;     /* 设置搜索标签高度 */
    background-color: #b61d1d;  /* 搜索标签的背景色 */
    color: #FFF;  /* 搜索标签的字体颜色 */
    text-align: center;    /* 显示文字居中 */
    line-height: 27px;    /* 行高度 */
}

.header .tab_w{
    display: flex;          /* 建立弹性盒子，放置水平导航条 */
```

```
    width: 1100px;   /* 盒子宽度 */
    margin: 0 auto;        /* 水平居中 */
}
```

2. 制作网页尾部

```
<footer>
        <ul> <!-- 用无序列表插入图片组 -->
          <li>
            <img src="icon/apple.svg">
            <span>iphone</span>
          </li>
          <li>
            <img src="icon/ipad.svg">
            <span>ipad</span>
          </li>
          <li>
            <img src="icon/android.svg">
            <span>Android</span>
          </li>
          <li>
            <img src="icon/windows.svg">
            <span>Windows</span>
          </li>
          <li>
            <img src="icon/iphone.svg">
            <span>其他手机</span>
          </li>
        </ul>
        <p>
          <a href="javascript：;">关于我们</a> <!-- 插入链接 -->
          <span class="line">|</span>
          <a href="javascript：;">联系我们</a>
          <span class="line">|</span>
          <a href="javascript：;">媒体合作</a>
          <span class="line">|</span>
          <a href="javascript：;">免责声明</a>
          <span class="line">|</span>
```

```
        <a href="javascript：；"> 服务条款 </a>
        <span class="line">|</span>
        <a href="javascript：；"> 问题反馈 </a>
    </p>
    <p>Copyright &copy;2005—2022 ××××Rights Reserved.</p>
        <!-- 插入版权信息 -->
    <p>×××× 版权所有粤网文 [××××]××××-××× 号 </p>
</footer>
```

【任务扩展】

1. 设置 CSS3 文本样式及颜色样式

（1）文本阴影和文本描边（text-shadow 和 text-stroke)

①text-shadow 属性为文本设置阴影。

　格式：text-shadow: h-shadow v-shadow blur color

　h-shadow：必需参数。水平阴影的位置。允许负值。

　v-shadow：必需参数。垂直阴影的位置。允许负值。

　blur：可选参数。模糊距离。

　color：可选参数。阴影的颜色。

②text-stroke。

　格式：text-stroke：width color;

　width：轮廓的宽度。

　color：轮廓的颜色。

例如，用文本阴影制作如图 3-21 所示的效果。

x，y偏移为2px，2px!

x，y偏移为2px，2px! 颜色为红色

给阴影增加模糊效果

图 3-21 · 运行截图

示例代码如下：

```
<!DOCTYPE html>
<html>
<head>
<style>
p{
font-size：25px}
.p1{
```

```
   text-shadow: 2px 2px;
 }
.p2{
   text-shadow: 2px 2px red;
 }
.p3{
   text-shadow: 2px 2px 5px red;
 }
</style>
</head>
<body>
<p class="p1">x，y 偏移为 2px，2px!</p>
<p class="p2">x，y 偏移为 2px，2px! 颜色为红色 </p>
<p class="p3"> 给阴影增加模糊效果 </p>
</body>
</html>
```

用文字描边属性实现如图 3-22 所示的效果。

图 3-22   运行截图

示例代码如下：

```
<!DOCTYPE html>
<html>
<head>
<style>
h1 {
    color: #FF0000;
   -webkit-text-stroke: 2px aqua;
  }
</style>
</head>
<body>
<h1> 文字描边 </h1>
</body>
</html>
```

（2）文本溢出强制换行 (word-overflow 和 word-wrap、word-break)

①text-overflow。

text-overflow 属性规定应如何向用户呈现未显示的溢出内容。主要属性值如下：

clip：直接裁剪文本。

ellipsis：使用省略号代表被修剪的文本。

②word-wrap。

word-wrap 属性使长文字能够被折断并换到下一行。主要属性值如下：

Nomal：文字不断行。

break-word：文字遇到容器边沿折断并换到下一行。

例如，用 text-overflow 实现如图 3-23 所示的效果。

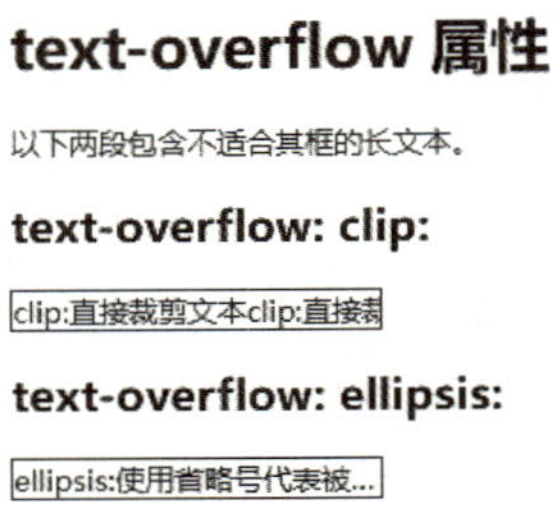

text-overflow 属性

以下两段包含不适合其框的长文本。

text-overflow: clip:

clip:直接裁剪文本clip:直接裁

text-overflow: ellipsis:

ellipsis:使用省略号代表被...

图 3-23　运行截图

示例代码如下：

```
<!DOCTYPE html>
<html>
<head>
<style>
p.test1 {
  white-space: nowrap;
  width: 200px;
  border: 1px solid #000000;
  overflow: hidden;
  text-overflow: clip;
}
p.test2 {
  white-space: nowrap;
  width: 200px;
  border: 1px solid #000000;
  overflow: hidden;
  text-overflow: ellipsis;
}
</style>
</head>
<body>
<h1>text-overflow 属性 </h1>
```

<p> 以下两段包含不适合其框的长文本。</p>

<h2>text-overflow: clip：</h2>

<p class＝"test1">clip：直接裁剪文本 clip：直接裁剪文本 clip：直接裁剪文本 </p>

<h2>text-overflow: ellipsis：</h2>

<p class＝"test2">ellipsis：使用省略号代表被修剪的文本 ellipsis：使用省略号代表被修剪的文本 </p>

</body>

</html>

例如，用 word-wrap 属性实现如图 3-24 所示的网页效果。

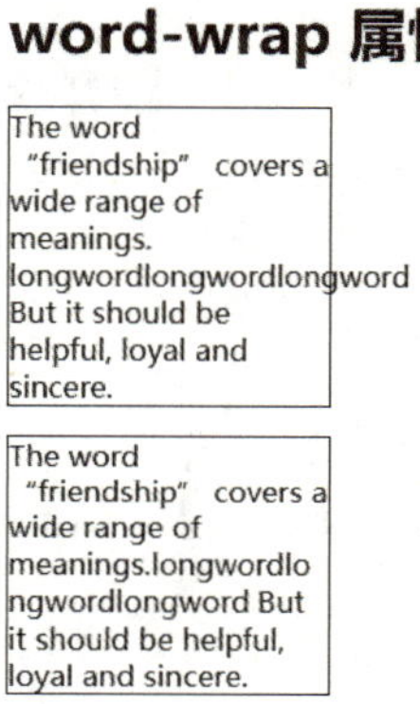

图 3-24　运行截图

示例代码如下：

```
<!DOCTYPE html>
<html>
<head>
<style>
.test1 {
 width: 11em;
 border: 1px solid #000000;
 word-wrap: normal;
}
.test2{
 width: 11em;
 border: 1px solid #000000;
 word-wrap: break-word;
}
</style>
</head>
<body>
```

<h1>word-wrap 属性 </h1>

<p class="test1">The word "friendship" covers a wide range of meanings. longword longwordlongword But it should be helpful, loyal and sincere.</p>

<p class="test2">The word "friendship" covers a wide range of meanings.longword longwordlongword But it should be helpful, loyal and sincere.</p>

</body>

</html>

（3）嵌入字体 (@font-face)

①@ font-face 的作用。

@ font-face 是 CSS3 中的一个功能，它主要是把自定义的 Web 字体嵌入到网页，让网页上使用的字体可以不受客户端字体库的限制。

②语法规则。

```
@font-face {
    font-family: <YourWebFontName>;
    src: <source> [<format>][, <source> [<format>]]*;
    [font-weight: <weight>];
    [font-style: <style>];
}
```

font-family: <YourWebFontName>：自定义字库名称（一般设置为所引入的字库名），后续样式规则中则通过该名称来引用该字库。必选项。

src：设置字体的加载路径和格式，通过逗号分隔多个加载路径和格式，必选项。

source：字体的加载路径，可以是绝对或相对 URL。

format：字体的格式，主要用于浏览器识别，一般有 truetype，opentype，truetype-aat，embedded-opentype，avg 等。

font-weight 和 font-style 与之前使用的是一致的，补充定义字体，可选项。

能够在 @font-face 规则内定义的所有字体描述符（font descriptor）见表 3-2。

表 3-2　字体描述符

属性名	值	备注
font-family	name	必需。定义字体名称
src	URL	必需。定义字体文件的 URL
font-stretch	normal	可选。定义应如何拉伸字体。默认值为 "normal"
font-style	normal italic oblique	可选。定义字体的样式。默认值为 "normal"

续表

属性名	值	备注
font-weight	normal bold 100 200 300 400 500 600 700 800 900	可选。定义字体的粗细。默认值为"normal"
unicode-range	unicode-range	可选。定义字体支持的 UNICODE 字符范围。默认值为"U+0-10FFFF"

指定字体，并设置好样式后，可直接引用，如需将字体用于 HTML 元素，请通过 font-family 属性引用字体名称（myFirstFont）。

实现如图 3-25 所示的效果。

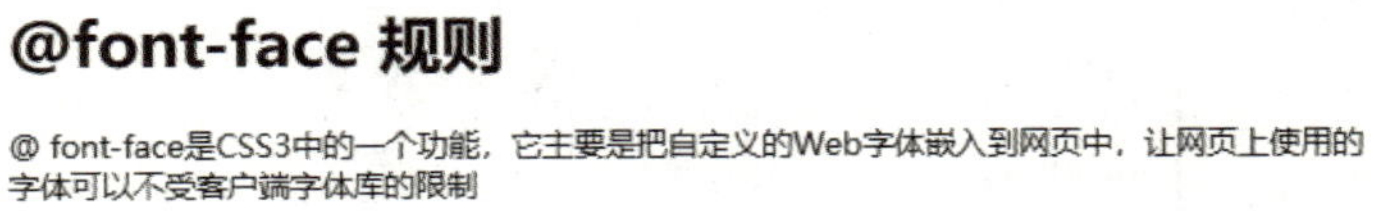

@font-face 规则

@ font-face是CSS3中的一个功能，它主要是把自定义的Web字体嵌入到网页中，让网页上使用的字体可以不受客户端字体库的限制

图 3-25   运行效果

示例代码如下：

```
<!DOCTYPE html>
<html>
<head>
<style>
@font-face {
  font-family: myFirstFont;
  src: url(sansation_light.woff);
}

div {
  font-family: myFirstFont;
}
</style>
</head>
<body>
```

<h1>@font-face 规则 </h1>

<div>@ font-face 是 CSS3 中的一个功能，它主要是将自定义的 Web 字体嵌入到网页，让网页上使用的字体可以不受客户端字体库的限制 </div>

</body>

</html>

2. 插入列表项符号

创建列表时，无论是有序列表还是无序列表，都可以选择出现在列表项目左侧的标记类型，即列表项符号。

list-style-type 可以设置的常见样式见表 3-3。

表 3-3　常见样式

值	描　　述
disc	实心圆
circle	空心圆
square	方块
decimal	数字
low-roman	小写罗马数字
upper-roman	大写罗马数字
low-alpha	小写字母
upper-alpha	大写字母
none	无标记
inherit	继承父元素的该设置

3. 插入列表项图片

创建列表时，无论是有序列表还是无序列表，都可以将图片设置成列表中的项目标记。语法格式为 list-style-image：url('./marker.png')。

list-style-image 的属性值有：

● url：图像的路径；

● none：无图片显示，默认；

● inherit：从父元素继承 list-style-image 的属性值。

例如，创建一个无序列表。

在 bady 中输入无序列表 <ul>，并输入 3 个列表项目，源代码如下：

<ul>

   <li>Basketball</li>

```
        <li>Football</li>
        <li>Volleyball</li>
</ul>
```

再选择列表项图片，在样式表中输入 list-style-image：url('*.png')。示例代码如下：

```
    <ul style="list-style-image: url('img/bu.png');">
        <li>Basketball</li>
        <li>Football</li>
        <li>Volleyball</li>
</ul>
```

运行结果如图 3-26 所示。

✚ Basketball
✚ Football
✚ Volleyball

图 3-26　运行结果

4. 插入多行文本框

textarea 元素与 <input type="text"> 不同，后者生成的是单行文本框，而前者生成的则是多行文本域。

所有的主流浏览器都支持 textarea 元素。

可以使用 CSS 改变文本框的样貌。

可以规定文本框的宽和高。

textarea 的用法：定义多行的文本输入控件。

textarea 的常用属性：

● cols：用于指定该文本域的宽度；

● rows：用于指定该文本域的高度；

● readonly：用于指定文本域只读，属性值只能是 readonly。

5. 边框阴影

box-shadow 是 CSS3 新增的一个属性。在 W3School 里，定义 box-shadow 是向边框添加一个或者多个阴影的属性。

语法格式如下：

box-shadow: h-shadow v-shadow blur spread color inset;

边框阴影属性见表 3-4。

表 3-4　边框阴影属性

值	描述
h-shadow	必需。水平阴影的位置。允许负值

续表

值	描述
v-shadow	必需。垂直阴影的位置。允许负值
blur	可选。模糊距离
spread	可选。阴影的尺寸
color	可选。阴影的颜色。请参阅 CSS 颜色值
inset	可选。将外部阴影（outset）改为内部阴影

● h-shadow：这个值指定了阴影的水平偏移量，即在 x 轴上阴影的位置。如果是正值阴影会出现在元素的右边，如果是负值阴影则出现在元素的左边。

● v-shadow：这个值指定了阴影的垂直偏移量，即在 y 轴上阴影的位置。如果是正值阴影会出现在元素的上边，如果是负值阴影则会出现在元素的下边。

● blur：这个值代表阴影的模糊半径，如果是"0"，那么意味着阴影是完全实心的，没有任何模糊效果。该值越大，实心度越小，阴影越朦胧和模糊，该值不支持负数。

● spread：这个值代表阴影的尺寸。该值可以被看作从元素到阴影的距离。如果正值会在元素的 4 个方向延伸阴影。负值会使阴影变得比元素本身尺寸还要小。默认值"0"会让阴影变得和元素的大小一样。

● color：这个值是指定阴影的颜色。

如：

①建立 1 个 div，用于演示 h-shadow 正值和负值出现的不同效果。

正值阴影出现在元素的右边，示例代码如下：

```
.box{
    width: 100px;
    height: 100px;
    background: #f3c0f3;
}
.shadow1{
    box-shadow: 10px 5px 5px #7a4b37;
}
<div class="box shadow1">10px</div>
```

示例代码运行结果如图 3-27 所示。

图 3-27　示例代码运行结果

负值阴影出现在元素的左边，示例代码如下：

```
.shadow1{
      box-shadow: -10px 5px 5px #7a4b37;
}
```

示例代码运行结果如图 3-28 所示。

图 3-28　示例代码运行结果

②建立 1 个 div，用于演示 v-shadow 正值和负值出现的不同效果。

正值阴影出现在元素的上边，示例代码如下：

```
.box{
      width: 100px;
      height: 100px;
      background: #f3c0f3;
}
.shadow2{
      box-shadow: 5px 10px 5px #7a4b37;
}
```

<div class="box shadow2">10px</div>

示例代码运行结果如图 3-29 所示。

图 3-29　示例代码运行结果

负值阴影出现在元素的下边，示例代码如下：

```
.shadow2{
      box-shadow: 5px -10px 5px #7a4b37;
}
```

示例代码运行结果如图 3-30 所示。

图 3-30　示例代码运行结果

③建立 1 个 div，用于演示 blur 阴影的模糊效果。

当 blur 的值为 0 时，表示阴影不模糊，blur 的值越大，阴影越模糊。如图 3-31 所示是 blur 值为 0 和为 10 时的效果图。

```
.shadow1{
        box-shadow：20px 20px 0 #7a4b37;
}
```

图 3-31　示例代码运行结果

④创建椭圆形圆角。

输入 border-radius：x/y，其中 x 是圆角在水平方向上的半径长度，y 是圆角在垂直方向上的半径长度。示例代码如下：

```
.shadow1 {
        box-shadow: 0px 0px 5px 0px #7a4b37;
}
.shadow2 {
        box-shadow: 0px 0px 5px 10px #7a4b37;
}
```

示例代码运行结果如图 3-32 所示。

图 3-32　示例代码运行结果

6. 多色边框

border-colors 和 border-color 属性是有区别的，color 只能表现一种颜色，而 colors 则能表现多种颜色。

①border-colors 属性不能直接把多条边的颜色写在一起，必须分成 4 个属性来表示，属性如下：

-moz-border-top-colors

-moz-border-right-colors

-moz-border-bottom-colors

-moz-border-left-colors

②border-width 为 n 个像素，则边框可以使用 n 种颜色，每一个像素一种颜色，颜色的值从左到右输入，呈现出从外到内的效果。例如，建立 1 个 div，用于演示多色边框效果。

示例代码如下：

```
div{
        width：200px;
        height：100px;
        border-width：7px;
        border-style: solid;
        -moz-border-top-colors: red orange yellow green cyan blue purple;
        -moz-border-right-colors: red orange yellow green cyan blue purple;
        -moz-border-bottom-colors: red orange yellow green cyan blue purple;
        -moz-border-left-colors: red orange yellow green cyan blue purple;
}
<div></div>
```

示例代码运行结果如图 3-33 所示。

图 3-33　示例代码运行结果

7. 边框背景

CSS3 为图片边框提供 border-image 属性。

语法格式如下：

border-image: source slice width outset repeat|initial|inherit;

边框背景属性见表 3-5。

表 3-5　边框背景属性

值	描述
border-image-source	用于指定要用于绘制边框的图像位置
border-image-slice	图像边界向内偏移
border-image-width	图像边界的宽度
border-image-outset	用于指定在边框外部绘制 border-image-area 的量
border-image-repeat	用于设置图像边界是否应重复（repeat）、拉伸（stretch）或铺满（round）

①指定边框宽 10 px，平铺边框图片。

这里的 repeat 和 round 都是表示平铺，但有细小差别，示例代码如下：

```
div {
    margin-top: 100px;
    margin-left: 100px;
    width: 200px;
    height: 50px;
    border: 10px solid transparent;
    border-image: url('img/border.png') 30 round;
}
<div></div>
```

示例代码运行结果如图 3-34 所示。

图 3-34　示例代码运行结果

②指定边框宽 10 px，拉伸边框图片。

拉伸边框图片，边框图片默认覆盖方式可以表示拉伸，也可用属性值 stretch 表示拉伸，示例代码如下：

```
div {
    margin-top: 100px;
    margin-left: 100px;
    width: 200px;
    height: 50px;
```

```
        border: 10px solid transparent;
        border-image: url('img/border.png') 30 stretch;
    }
    <div></div>
```

示例代码运行结果如图 3-35 所示。

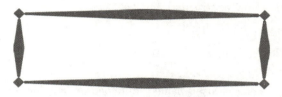

图 3-35 示例代码运行结果

③指定边框宽 10 px，横向平铺边框图片，纵向拉伸边框图片。

拉伸边框图片，边框图片默认覆盖方式可以表示拉伸，也可用属性值 stretch 表示拉伸，示例代码如下：

```
    div {
        margin-top: 100px;
        margin-left: 100px;
        width: 200px;
        height: 50px;
        border: 10px solid transparent;
        border-image-source: url('img/border.png');
        border-image-slice: 30;
        border-image-repeat: round stretch;
    }
    <div></div>
```

示例代码运行结果如图 3-36 所示。

图 3-36 示例代码运行结果

【直通考证】

1. 设置背景颜色为 green，背景图片垂直居中显示，背景图片充满整个区域，但是背景图片不能变形，图片只出现一次，以下书写正确的是（　　　）。

A. background：url("../img/img1.jpg") no-repeat center/cover green;

　　B. background：url("../img/img1.jpg") repeat center/cover green;

　　C. url("../img/img1.jpg") no-repeat center/100% green;

　　D. url("../img/img1.jpg") no-repeat center/100% 100% green;

2. 在 CSS 中，设置背景图像的代码正确的是（　　　）。

　　A. background-image: src(img/27.jpg)

　　B. background-image: url(img/27.jpg)

　　C. background-image: img/27.jpg

　　D. background-img: url(img/27.jpg)

3. 以下代码的意思是（　　　）。

　　<input type="text" name="user_name" autofocus="autofocus"/>

　　A. 页面加载后，浏览器将自动聚焦 user_name 字段

　　B. 都不正确

　　C. 表单加载时创建一个 text 字段

　　D. 加载一个 text 表单

4. 下列关于表单的说法中，错误的是（　　　）。

　　A. 可以给 input 添加 multiple 属性使它可以输入多行文字

　　B. placeholder 属性可以用来提示用户输入什么内容

　　C. 用户无法直接修改包含 disabled 属性的文本框的内容

　　D. maxlength 属性可以限制文本框内最多输入多少个字符

5. 将 input 标签 type 设置为（　　　）即可实现一个 URL 地址的输入。

　　A. url　　　　　　　　B. email　　　　　　　　C. date　　　　　　　　D. time

6. 需要创建一个多选框，且和文本关联起来（单击文本就像单击核选框一样）。下列 HTML 代码中，正确的是（　　　）。

　　A. <label><input type="checkbox" /> 记住我 </label>

　　B. <input type="checkbox" /><label for="checkbox"> 记住我 </label>

　　C. <input type="checkbox" id="c1" /><label> 记住我 </label>

　　D. <input type="checkbox" id="c1" /><label for="c1"> 记住我 </label>

7. 下列哪个 CSS 属性是继承属性 (inherited)？（　　　）

　　A. vertical-align　　　　　　　　　　B. background-color

　　C. text-indent　　　　　　　　　　　D. justify-content

8. 设置样式 [title*=t1]{background-color: red;}，以下哪些选项标签背景是红色的？（　　　）

　　A. <div title="t1 t2">text</div>　　　　B. <div title="t1">text</div>

　　C. <div title="t2">text</div>　　　　　D. <div>text</div>

【任务评价】

任务	内容	配分 / 分	得分 / 分
美化网页头部和 尾部区域	掌握引入 CSS 的几种方式	10	
	掌握背景样式的设置	10	
	掌握文本样式的设置	20	
	能熟练使用弹性布局及 display 属性	10	
	能美化图片、设置图片样式	10	
	能设置 CSS3 文本样式及颜色样式	10	
	能插入列表项符号	10	
	能插入列表项图片	20	
总分		100	

微 课

任务二　美化网页其他区域

【任务描述】

通过对网页头部及尾部进行美化后，王华对 CSS 已经有了一定的基础，接下来要继续美化首页的主要内容区域及登录页面，首页包括三大板块：轮播图板块（从左至右包括：政策条例、轮播图、志愿者招募）、垃圾分类动画板块、新闻中心板块。登录页面包括登录和注册。

完成本任务后，你应该会：

①实现定位布局；

②使用 CSS3 过渡效果；

③使用 CSS3 变形效果；

④使用 CSS3 动画效果；

⑤设置 z-index 属性及透明度；

⑥通过美化页面布局提升审美能力和自学能力。

【预期呈现效果】

图 3-37　登录运行（1）

图 3-38　登录运行（2）

图 3-39　政策条例

图 3-40　轮播图

垃圾分类志愿者招募

姓名

电话

年 /月 /日

提交

图 3-41　志愿者招募板块

图 3-42　垃圾分类动画

图 3-43　新闻中心板块

【知识准备】

1. 实现定位布局

定位：将盒子固定在某一个位置，也就是在摆盒子，按照定位的方式移动盒子。

定位属性名为 position。

定位属性值分别为 fixed（固定定位）、releative（相对定位）、absolute（绝对定位）、static（静态定位）。

（1）固定定位

它的相对移动的坐标是视图（屏幕内的网页窗口）本身。由于视图本身是固定的，它不会随浏览器窗口的滚动条滚动而变化，除非在屏幕中移动浏览器窗口的屏幕位置，或改变浏览器窗口的显示大小，因此固定定位的元素会始终位于浏览器窗口内视图的某个位置，不会受文档流动影响，这与"background-attachment：fixed；"属性功能相同。

（2）相对定位

当元素的 position 属性设置为 releative 时，则开启了元素的相对定位。相对定位是相对于元素在文档流中原来的位置进行定位。

（3）绝对定位

绝对定位的元素位置相对于最近的已定位祖先元素，如果元素没有已定位的祖先元素，那么它的位置则相对于最初的包含块。

（4）静态定位

静态定位表示块保留在原本应该在的位置，不会重新定位。如果没有指定元素的 position 属性值，也就是默认情况下，元素是静态定位。只要是支持 position 属性的 HTML 对象都是默认为 static。static 是 position 属性的默认值，它表示块保留在原本应该在的位置，不会重新定位。

在环保网中，将 page1_slide 图片区域和 img 图片设置为相对定位，代码如下：

```
.page1_slide{
    position: relative;
}
.page1_slide .silie img{
    transition: .3s;
    position: relative;
    left: 0;
    flex-shrink: 0;
}
```

将左右切换按钮设置为绝对定位，代码如下：

```
.page1_slide .silie-btn{
    cursor: pointer;
    position: absolute;
    top: calc(50% - 20px);
    width: 40px;
    height: 40px;
    background-color: rgba(0，0，0，0.3);
    color: rgba(255，255，255，0.5);
    font-size: 38px;
    text-align: center;
    line-height: 35px;
}
```

运行效果图如图 3-44 所示。

图 3-44 运行效果

将 4 个数字小圆设置为绝对定位，代码如下：

.page1_slide. silie-yuan{

　　position: absolute;

　　bottom: 20px;

　　right: 20px;

　　display: flex;

}

运行效果图如图 3-45 所示。

图 3-45　运行效果

2. 实现 CSS3 过渡效果

transition 属性是一个简写属性，可用于设置 4 个过渡属性：

● transition-property：设置哪条 CSS 使用过渡，transition-property 属性设置对元素的哪个 CSS 属性进行过渡动画效果处理，默认值为 all（所有元素都会获得过渡动画效果）。

● transition-duration：设置过渡时长，设置过渡动画效果持续的时间，单位通常是秒或毫秒。

● transition-timing-function：设置过渡时间，曲线经过多长时间的延迟才开始执行过渡动画效果，单位通常为秒或者毫秒，默认值是 0。

属性值有：

◇ease：慢速开始，然后变快，最后慢速结束的过渡效果；

◇linear：以相同速度开始至结束的过渡效果；

◇ease-in：以慢速开始的过渡效果；

◇ease-out：以慢速结束的过渡效果；

◇ease-in-out：以慢速开始和结束的过渡效果。

● transition-delay：设置过渡时延，设置过渡动画的时间曲线。例如，过渡先快后慢或者先慢后快。

在环保网中，为"登录"按钮添加过渡属性。

```
button {
    width: 100%;
    height: 30px;
    margin: 10px 0;
    border-radius: 5px;
    transition: .4s;
}
```

3. 实现 CSS3 变形效果（缩放）

transform 有 4 个属性，见表 3-6。

表 3-6　transform 的 4 个属性

方法	说明
rotate()	旋转
translate()	位移
scale()	缩放
skew()	扭曲

可以同时对一个元素进行 transform 的多种属性操作，例如，旋转、位移、缩放 3 种属性，用空格隔开，而不是用逗号（","）隔开。

其中，transform 属性的 scale() 方法可实现元素的缩放效果，语法如下：

```
transform: scaleX(x);        /* 沿 X 轴方向缩放 */
transform: scaleY(y);        /* 沿 Y 轴方向缩放 */
transform: scale(x, y);      /* 沿 X 轴和 Y 轴同时缩放 */
```

在环保网中，为"登录"按钮添加缩放变形效果，代码如下：

```
button: hover {
    transform: scale(1.05);
}

button: active {
    transform: scale(.95);
}
```

4. 实现 CSS3 动画效果

使用 animation 属性可实现元素的动画效果。animation 属性与 transition 属性在功能实

现上非常相似，都是通过改变元素的属性值来实现动画效果。

在 CSS3 中，在调用动画之前，必须先使用 @keyframes 规则来定义动画。

@keyframes 规则语法如下：

@keyframes 动画名

{

   0%{}

   ……

   100%{}

}

0% 表示动画的开始，100% 表示动画的结束，0% 和 100% 是必须的。不过在一个 @keyframes 规则中，可以由多个百分比组成，每一个百分比都可以定义自身的 CSS 样式，从而形成一系列的动画效果。

CSS 中的 animation 属性可用于为其他 CSS 属性添加动画效果，如颜色、大小等。每个动画都需要先使用 @keyframes 语句定义，再使用 animation 属性调用它。animation 是一个复合属性，它包括多个子属性。

animation 子属性按从前往后的顺序如下：

name（动画名称）　duration（持续时间）　timing-function（运动曲线）

delay（延迟时间）　iteration-count（播放次数）　direction（动画方向）

注意，其中，动画名称和持续时间是必选的，其余是可选子属性。

● animation-name: 动画名称，自己定义的名称。

● animation-duration: 动画持续时间，指完成一次动画所需的时间，单位是秒（s）。

● animation-timing-function: 运动曲线，表示动画进行速率变化的方式，如匀速、先快后慢、越来越快等，主要包括 5 个属性值，分别如下：

◇ linear: 匀速。

◇ ease: 低速开始，然后加快，在结束前变慢。

◇ ease-in: 动画以低速开始，越来越快。

◇ ease-out: 动画以低速结束，越来越慢。

◇ ease-in-out: 动画以低速开始和结束。

● animation-delay: 表示延迟多久后开始，默认是 0，单位是秒（s）。

● animation-iteration-count: 播放次数，默认是 1，播放一次后结束动画；无限循环用属性值：infinite。

● animation-direction: 动画方向，是否为反方向播放，当播放次数在两次及以上时，下一次播放就会以上一次播放的路径沿着相反方向返回，默认是 normal，反方向是 alternate。

在"环保网"中，自定义透明度渐变动画 btn，代码为：

```
@keyframes btn {
  0% {
    opacity: 0;
```

```
    }

    100% {
        opacity: 1;
    }
}
```

为"登录""注册""用户名""账号""密码"添加 btn 动画。

为"用户名"添加 btn 动画,代码如下:

```
.input_name {
    animation: btn 2s forwards;
}
```

运行效果图变化如图 3-46 所示。

图 3-46 运行效果

为"登录"添加 btn 动画,代码如下:

```
.login_title {
    animation: btn 2s forwards;
    color: #088d37;
}
```

运行效果图变化如图 3-47 所示。

图 3-47 运行效果

为"注册"按钮添加 btn 动画,代码如下:

```
#RegBtn {
    border-radius: 5px;
    background-color: #00dff3;
    color: #088d37;
    animation: btn 1s forwards;
}
```

运行效果图变化如图 3-48 所示。

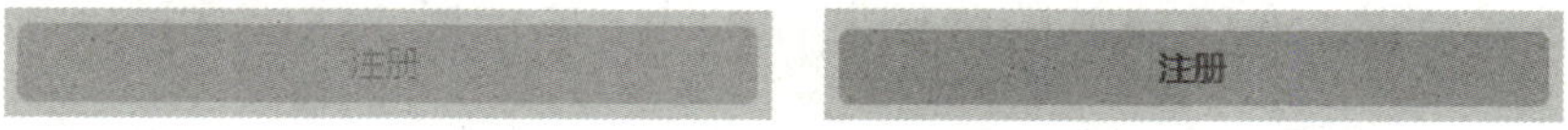

图 3-48 运行效果

5. 设置 z-index 属性及透明度

（1）z-index 属性

z-index 属性设置元素的堆叠顺序。拥有更高堆叠顺序的元素总是会处于堆叠顺序较低的元素前。该属性设置一个定位元素沿 z 轴的位置，z 轴定义为垂直延伸到显示区的轴。如果为正值，则离用户更近，为负值则表示离用户更远。

在"环保网"中，搭建完 div 结构后，将整个条例板块层级设置成 3，代码如下：

```
.page1_popup{
    display: none;
    position: absolute;
    z-index: 3;
    width: 890px;
    height: 440px;
    padding: 10px 40px;
    margin-left: 205px;
    background-color: #f7f7f7;
}
```

将每个章节对应的条例板块层级设置成 2，代码如下：

```
.page1_popup .nav_con{
    display: none;
    position: absolute;
    z-index: 2;
    width: 100%;
}
```

（2）透明度 (opacity)

opacity 属性指定元素的不透明度 / 透明度。opacity 属性的取值范围为 0.0 ～ 1.0。值越低，越透明。使用方法如下：

①直接设置透明度。

```
    opacity: 0.5;
```

②在 RGBA 中设置透明度。

RGBA 颜色值指定为：rgba(red，green，blue，alpha)。其中，alpha 参数是介于 0.0（完全透明）和 1.0（完全不透明）之间的数字。

例如，background: rgba(76, 175, 80, 0.3)。

在"环保网"中，为垃圾分类动画设置透明度，代码如下：

```
.page2_list{
    transition: .3s;
```

```
        position: absolute;
        z-index: -1;
        top: 0;
        width: 100%;
        height: 100%;
        padding: 40px;
        opacity: 0;
        background-color: #eaeaea;
    }
    .page2_list .list{
        transition: .3s;
        opacity: 0;
        display: flex;
        position: absolute;
        top: 50%;
        left: 50%;
        transform: translate(-50%，-50%) scale(1);
        width: 800px;
        padding: 30px 20px;
        margin: 0 auto;
        border-radius: 10px;
    }
    .page2_list .list_show{
        opacity: 1;
        z-index: 2;
    }
```

6. 实现 CSS3 变形效果（位移）

translate（位移）分为 3 种情况：

- translate(x，y)：水平方向和垂直方向同时移动（也就是 X 轴和 Y 轴同时移动）。
- translateX(x)：仅水平方向移动（X 轴移动）。
- translateY(Y)：仅垂直方向移动（Y 轴移动）。

位移的单位可以是 px、em 和百分比等。

在"环保网"中，为每一个类名为 list 的垃圾分类列表添加位移动画，代码如下：

```
    .page2_list .list{
        transition: .3s;
        opacity: 0;
```

```
    display: flex;
    position: absolute;
    top: 50%;
    left: 50%;
    transform: translate(-50%，-50%) scale(1);
    width: 800px;
    padding: 30px 20px;
    margin: 0 auto;
    border-radius: 10px;
}
```

以"可回收垃圾"为例，将鼠标移上去后下面的条例扩大移动到网页中间，如图 3-49 和图 3-50 所示。

图 3-49　运行截图

图 3-50　运行截图

【任务实施】

1. 制作注册页面

HTML 部分代码：

```html
<body>
    <div class="hint">
        <div class="rate"></div>
    </div>
    <div id="login" class="login">
        <h1 class="login_title">login</h1>
        <h1 class="reg_title">Reg</h1>
        <form action="" method="">   <!-- 创建注册表单 -->
            <div class="input_w input_name">
            <input type="text" id="name" placeholder="用户名"/>   <!-- 创建用户名输入框 -->
            </div>
            <div class="input_w">
            <input type="text" id="userNum" placeholder="账号"/>   <!-- 创建账号输入框 -->
            </div>
            <div class="input_w">
            <input type="password" id="password" placeholder="密码" autocomplete="off"/>   <!-- 创建密码输入框 -->
            </div>
        </form>
        <div id="check"></div>
        <div id="toggle">
            点击注册          <!-- 点击注册提示文字 -->
        </div>
        <button type="button" id="loginBtn">登录</button>   <!-- 创建登录按钮 -->
        <button type="button" id="RegBtn">注册</button>   <!-- 创建注册按钮 -->
    </div>

    <footer class="bottom">
        <div class="yiyan"></div>
    </footer>
</body>
```

CSS 部分代码:

```css
*{
    padding: 0;   /* 页面默认样式清零 */
    margin: 0;
    border: none;
```

```
    outline: none;
}

body{
    padding: 100px;        /* 浏览器内边距 100 px */
}

.login .inputName {
    display: none;    /* 隐藏输入框 */
}

.login #loginBtn {
    display: block;    /* 把元素显示为块元素 */
}

.login #RegBtn {
    display: none;    /* 隐藏注册按钮 */
}

.login .input_name {
    display: none;    /* 隐藏输入框 */
}

.reg .inputName {
    display: block;    /* 把元素显示为块元素 */
}

.reg #loginBtn {
    display: none;    /* 隐藏登录按钮 */
}

.reg #RegBtn {
    display: block;    /* 显示注册按钮 */
}

.reg .input_name {
    display: block;    /* 显示输入框 */
}
```

```css
#login {
    transition: .2s;          /* 过渡时间 */
    display: flex;            /* 设置弹性盒子 */
    flex-wrap: wrap;          /* 规定在必要时进行换行 */
    width: 100vw;             /* 宽度 */
    max-width: 275px;         /* 最大宽度 */
    height: 350px;            /* 高度 */
    border-radius: 5px;       /* 设置边框圆角 */
    padding: 20px;            /* 内边距 */
    margin: 0 auto;           /* 自动居中 */
    background-color: rgba(185, 185, 185, 0.5);      /* 背景色 */
    box-shadow: 0px 0px 25px rgba(178, 219, 254, 0.7);    /* 设置阴影样式 */
}

#login h1 {
    width: 100%;              /* 设置表单标题样式 */
    text-align: center;       /* 文字居中 */
}

#login form {
    width: 100%;              /* 表单宽度 */
}

#login .input_w {
    position: relative;       /* 输入区域相对定位 */
    width: 100%;              /* 输入区域宽度 */
    margin: 20px 0;           /* 输入区域外边距 */
}

#login .input_w input {
    width: 100%;              /* 输入框宽度 */
    padding: 7px;             /* 输入框内边距 */
    border-radius: 4px;       /* 输入框圆角 */
    background-color: rgba(255, 255, 255, 0.5);    /* 输入框背景色 */
}

.input_name {
```

```
        animation: btn .4s forwards;    /* 输入框绑定动画 */
    }

    button {           /* 设置按钮的样式 */
        width: 100%;
        height: 30px;
        margin: 10px 0;
        border-radius: 5px;
        transition: .4s;
    }

    button：hover {       /* 设置按钮悬停样式转换 */
        transform: scale(1.05);
    }

    button：active {       /* 设置按钮活动状态样式转换 */
        transform: scale(0.95);
    }

    #checkbox_w {
        width: 160px;
        display: flex;
        justify-content: flex-start;    /* 弹性盒子元素将向行起始位置对齐 */
    }

    #checkbox_w input {     /* 对 id 名为 check 的 div 里的 input 元素设置样式 */
        width: 10px;
        margin: 2px;
    }

    #checkbox_w label {     /* 对 id 名为 check 的 div 里的 label 元素设置样式 */
        font-size: 12px;
    }

    #check {        /* 对 id 名为 check 的 div 设置样式 */
        width: 100%;
        height: 16px;
        font-size: 12px;
```

```
        color: #f79e31;
        text-align: right;
    }


    .bottom {
        position: fixed;
        bottom: 20px;
        width: 100%;
        font-size: 12px;
        text-align: center;
    }


    #loginBtn {
        background-color: #088d37;        /* 定义登录按钮背景色 */
        color: #FFF;                      /* 定义登录按钮字体色 */
        animation: loginbtn .4s forwards;  /* 对登录按钮绑定动画 */
    }


    .login_title {
        animation: btn .4s forwards;      /* 对标题绑定动画 */
        color: #088d37;                   /* 设置标题颜色 */
    }


    .reg_title {          /* 注册标题设置隐藏，颜色，绑定动画 */
        display: none;
        animation: btn .4s forwards;
        color: #088d37;
    }


    #RegBtn {     /* 登录按钮样式和动画设置 */
        border-radius: 5px;
        background-color: #00dff3;
        color: #088d37;
        animation: btn .4s forwards;
    }


    @keyframes btn {     /* 定义名为 btn 的动画，透明度从 0 变成 1 */
        0% {
```

```
        opacity: 0;
    }


    100% {
        opacity: 1;
    }
}


#toggle {                    /* 对"点击注册"标签设置样式 */
    margin-left: auto;       /* 位置设置 */
    cursor: pointer;         /* 鼠标显示样式 */
    font-size: 14px;         /* 字体大小 */
    color: #00BFFF;          /* 字体颜色 */
}


#toggle: active {            /* 设置"点击注册"标签活动状态时字体变大 */
    font-weight: 700;
}
```

2. 实现"垃圾分类"网站加载动画的定位布局效果

HTML 部分代码：

```
< div id = "loading" >
    < div class = "loader loader--style3" >
    < div class = "yuan" > < /div >
    < /div >
< /div >
```

css：

```
.loader{
    position: fixed;        /* 让 .loader 对应的 div 标签拥有固定定位的属性 */
    left: 50%;       /* 无论浏览器如何被拉伸，该 div 始终在浏览器中水平居中显示 */
    top: 50%;        /* 无论浏览器如何被拉伸，该 div 始终在浏览器中垂直居中显示 */
}
.loader .yuan{
    position: relative;     /* 让 .loader 和 .yuan 对应的 div 标签拥有相对定位的属性 */
}
.loader .yuan： : after{
    content: "";
```

```
display: block;
position: absolute;      /* 让对应的 div 标签拥有绝对定位的属性 */
top: -12px;       /* 把 div 的上边缘设置在其包含元素上边缘向上 12 px 的位置 : */
left: -25px;       /* 把 div 的左边缘设置在其包含元素左边缘向左 25 px 的位置 : */
}
```

3. 实现"环保网"侧边导航栏板块的定位布局效果

HTML 部分代码：
```
<ul class="ul-1">
<li>
    <span> 第一章 总则 </span>
    <i> > </i>
  </li>
  <li>
    <span> 第二章 规划与建设 </span>
    <i> > </i>
  </li>
...   /* 省略部分 li 标签内容，具体参见运行截图 */
</ul>
```
css：
```
.ul-1{
  display: flex; /* 对该项目 ul 的子项目 li 使用弹性布局方式。*/
  justify-content: flex-end;    /* 定义该子项目在主轴上的对齐方式为右对齐 */
}
```

4. 实现"环保网"政策条例内容的定位布局效果

HTML 部分代码：
```
<ul class="nav_con">
  <li class="clearfix">
    <dt><a href="javascript：;"> 第一条 <i> > </i></a></dt>
    <dd>
      <span>
        为了加强 .../* 省略部分内容，具体参见运行截图 */。
      </span>
    </dd>
  </li>
```

```
    </ul>
    css:
    .nav_con .clearfix dt{
        display: flex;   /* 对该项目 dt 的子项目 a 和 i 使用弹性布局方式。*/
        justify-content: space-between;   /* 均匀排列每个元素，首个元素放置于起点，末尾
元素放置于终点 */
    }
```

5. 实现"环保网"轮播图的定位布局效果

HTML 部分代码：

```
<div class="page1_slide">
    <div class="silie" index="0">
        <img src="images/lunbotu01.jpg" alt="">
        <img src="images/lunbotu02.jpg" alt="">
        <img src="images/lunbotu03.jpg" alt="">
        <img src="images/lunbotu04.jpg" alt="">
    </div>
    <div class="silie-yuan">
        <div class="yuan ac">1</div>
        <div class="yuan">2</div>
        <div class="yuan">3</div>
        <div class="yuan">4</div>
    </div>
    <div class="silie-btn btn1">«</div>
    <div class="silie-btn btn2">»</div>
</div>
```

css:

```
.page1_slide{
    position: relative;   /* 让 .page1_slide 对应的 div 标签拥有相对定位的属性 */
}
.page1_slide .silie{
    display: flex;   /* 对该项目 div 的子项目使用弹性布局方式。*/
}
.page1_slide .silie img{
    position: relative;   /* 让 img 标签拥有相对定位的属性 */
    left: 0;   /* 把图片的左边缘设置在其包含元素左边缘向右 0 px 的位置 */
    flex-shrink: 0;   /* 固定图片元素内容不被挤压 */
```

```
    }
    .page1_slide .silie-btn{
        position: absolute;      /* 让对应的 div 标签拥有绝对定位的属性 */
        top: calc(50% - 20px);     /* 把 div 的上边缘设置在其包含元素上边缘居中向上 20 px
的位置 */
    }
    .page1_slide .silie-btn.btn1{
        left: 20px;     /* 把 div 的左边缘设置在其包含元素左边缘向右 20 px 的位置 */
    }
    .page1_slide .silie-btn.btn2{
        right: 10px;     /* 把 div 的右边缘设置在其包含元素右边缘向左 20 px 的位置 */
    }
    .page1_slide .silie-yuan{
        position: absolute;      /* 让对应的 div 标签拥有绝对定位的属性 */
        bottom: 20px;/* 把 div 的下边缘设置在其包含元素下边缘向上 20 px 的位置 : */
        right: 20px;         /* 把 div 的右边缘设置在其包含元素右边缘向左 20 px 的位置 : */
        display: flex;       /* 对该项目 div 的子项目使用弹性布局方式。*/
    }
```

6. 实现"环保网"志愿者招募板块的定位布局效果

HTML 部分代码 :

```html
< div class = "page1_input" >
    < div class = "input_title" >
        <h2> 垃圾分类志愿者招募 </h2>
    </div >
    < div class = "input_w" >
        < input type = "text" class = "name" placeholder = " 姓名 ">
        < p class = "name_after" > </p >
        < input type = "text" class = "phone" placeholder = " 电话 ">
        < p class = "phone_after" > </p >
        < input type = "date" class = "date" min = "2000-1-1" max = "2023-1-1"/>
        < p class = "date_after" > </p >
        < div class = "submit" >
            < button type = "submit" id = "submit" > 提交 </button >
        </div >
    </div >
</div >
```

CSS 部分代码：

```
.page1_input .input_w{
    display: flex;    /* 对该项目 div 的子项目使用弹性布局方式。*/
    flex-wrap: wrap;    /* 规定该弹性的项目将在必要时换行 */
    padding: 20px;
    margin-top: 20px;
}
```

7. "环保网" 垃圾分类动画的定位布局效果

HTML 部分代码：

```
< div class = "page2_nav" >
    < img src = "images/list1.jpg" >
    < img src = "images/list2.jpg" >
    < img src = "images/list3.jpg" >
    < img src = "images/list4.jpg" >
</div >
```

CSS 部分代码：

```
.page2_nav{
    display: flex;    /* 对该项目 div 的子项目 img 使用弹性布局方式。*/
    justify-content: space-between;    /* 均匀排列每个元素，首个元素放置于起点，末尾
元素放置于终点 */
    width: 100%;
    margin-top: 20px;
}
```

8. "环保网" 新闻中心板块的定位布局效果

CSS 部分代码：

```
.page3 .page3_w{
    width: 1100px;
    display: flex;    /* 对该项目的子项目使用弹性布局方式。*/
    flex-direction: column;    /* 作为列，垂直地显示弹性项目 */
    padding: 30px;
    margin: 0 auto;
    background-color: #f8f8f8;
}
```

9."环保网"底部区域的整体定位布局效果

HTML 部分代码:

```
<ul>
  <li>
      <img src="icon/apple.svg">
      <span>iphone</span>
  </li>
  <li>
      <img src="icon/ipad.svg">
      <span>ipad</span>
  </li>
...   /* 省略部分 li 标签内容,具体参见运行截图 */
</ul>
```

CSS 部分代码:

```
footer ul{
  display: flex;     /* 对该项目 ul 的子项目 li 使用弹性布局方式。*/
  justify-content: center;    /* 所有弹性项目在水平方向上位于容器的中心。*/
}
footer ul li{
  display: flex;     /* 对该项目 li 的子项目 img 和 span 使用弹性布局方式。*/
  flex-direction: column;     /* 作为列,垂直地显示弹性的项目 */
}
```

【任务扩展】

1. 实现浮动盒布局

(1)文档流

文档流的定义:从左至右、从上至上的布局。符合 HTML 中标签本身含义的布局,比如某些标签独占一行,有些标签属于行内元素。

块级元素和内联元素有:

①块级元素(block):四四方方的块,在文档中自己占一行,如 <div><p>。

②内联元素(inline):多个内联元素,可以在一行显示,如 <span><img>。

③脱离文档流:意味着它的排列顺序不遵循正常情况下文档的排列顺序,已经脱离了文档流,它不占用空间,处于浮动状态,脱离了文档流的元素的定位相对于其正常情况下

的文档流，因此处于正常文档流的元素会占用原先的空间。

脱离文档流的几种情况：

● position：absolute；

● position：fixed；

● float。

（2）浮动属性的定义

浮动可以使元素脱离普通文档流，CSS 定义浮动可以使块级元素向左或向右浮动，直到遇到边框、内边距、外边距或另一个块级元素的位置。

元素浮动的方式：元素的水平方向浮动，意味着元素只能左右移动而不能上下移动。浮动元素之后的元素将围绕它。浮动元素之前的元素将不会受到影响。

浮动涉及的常用属性：

● float：设置框是否需要浮动及浮动方向。属性值有 left、right、none。

● clip：裁剪绝对定位元素。属性值有 rect()、auto。

● overflow：设置内容溢出元素框时的处理方式。属性值有 visible、hidden、scroll。

● display：设置元素如何显示。属性值有 none、block。

● visibility：定义元素是否可见。属性值有 visible、hidden、collapse。

①如果图像是右浮动，那么下列文本流将环绕在其左边。

示例代码如下：

```
img {
        float: right;
    }
<p>
        <img src = "img/lunbotu01.jpg" width = "200" />
        各省、自治区、直辖市及计划单列市、新疆生产建设兵团发展改革委，各省、
自治区住房城乡建设厅、北京市城市管理委、天津市市容园林委、上海市绿化市容局、
重庆市市政委，计划单列市城市管理局（市政公用局、城市建设局、市政园林局）……
划》。
    </p>
```

运行结果如图 3-51 所示。

图 3-51　运行结果

②彼此相邻的元素浮动效果。

示例代码如下：

```
img {
    width: 30%;
    float: left;
}
<img src = "img/lunbotu01.jpg" >
<img src = "img/lunbotu02.jpg" >
<img src = "img/lunbotu03.jpg" >
<img src = "img/lunbotu04.jpg" >
```

运行结果如图 3-52 所示。

图 3-52 运行结果

正如运行结果显示的，如果把几个浮动的元素放到一起，有空间的话，它们将彼此相邻。直到它的外边缘碰到包含框或另一个浮动框的边框为止。

③清除浮动。

清除浮动属性的定义及用法：

当容器的高度为 auto，且容器的内容中有浮动（float 为 left 或 right）的元素时，在这种情况下，容器的高度不能自动伸长以适应内容的高度，使得内容溢出到容器外面而影响布局，这个现象称为浮动溢出。为了防止这个现象的出现而进行的 CSS 处理，称为 CSS 清除浮动。

clear 属性用于设置元素哪一侧不允许出现浮动元素。

清除浮动的属性值：

● none：默认值；

● left：左侧不允许出现浮动元素；

● right：右侧不允许出现浮动元素；

● both：两侧都不允许出现浮动元素。

例如，将一张图片和一段文字放入一个 div 中，图片向左浮动，文字向右浮动。

示例代码如下：

```
div {
        padding: 10px;
```

```
            border: solid 1px black;
        }
    img {
            float: left;
        }
    p {
            float: right;
        }
<div>
    <img src="img/lunbotu01.jpg" />
    <p> 清除浮动示例演示 </p>
</div>
```

运行结果如图 3-53 所示。

图 3-53　运行结果

如图 3-53 所示，本来 img 和 p 元素应该在黑色边框的 div 盒子内，这里的 div 盒子应该被撑开，但因为对 img 和 p 使用了浮动，导致 div 不能撑开，这时浮动就产生了，需要清除浮动。

为避免上述效果，可以使用一个带有清除浮动的空元素。

示例代码如下：

```
div {
        padding: 10px;
        border: solid 1px black;
    }
    img {
        float: left;
    }
    p {
```

```
        float: right;
    }
.clear{
        clear: both;
    }
<div class="box">
    <img src="img/lunbotu01.jpg" />
    <p> 清除浮动示例演示 </p>
    <div class="clear"> </div>
</div>
```

运行结果如图 3-54 所示。

图 3-54　运行结果

2.CSS3 变形（旋转）

rotate(angle) 是通过指定的角度参数对元素进行 2D 旋转，angle 指旋转角度，如果设置的值为正数表示顺时针旋转，如果设置的值为负数，则表示逆时针旋转，如 transform：rotate(30deg) 表示顺时针旋转 30°。

rotate(angle) 是进行 2D 旋转，如果要进行 3D 旋转，则用表 3-7 中的方法。

表 3-7　旋转方法

方法	说明
rotate3d(x，y，z，angle)	3D 旋转
rotateX(angle)	沿着 X 轴旋转
rotateY(angle)	沿着 Y 轴旋转
rotateZ(angle)	沿着 Z 轴旋转

创建两个标签，d1 表示初始样式，d2 表示旋转后的样式。

```
<body>
    <div class="d1">
        <div class="d2"></div>
    </div>
</body>
```

设置初始状态 d1 样式为蓝色边框矩形：

```
.d1
{
    width：200px;
    height：100px;
    border：1px solid #87CEFA;
    position: absolute;
    top：40%;
    left：40%;
}
```

设置 d2 旋转后的样式为蓝色背景实心矩形：

```
.d1 .d2
{
    width：200px;
    height：100px;
    color：white;
    background-color：lightskyblue;
    transform：rotate(30deg);
}
```

创建一个半圆弧，初始状态如图 3-55 所示。

图 3-55　运行结果

利用 rotate() 方法将它转动 180°（保留初始状态），如图 3-56 所示。

图 3-56　运行结果

示例代码如下：

```
<!DOCTYPE html>
<html>
<head>
  <meta charset = "utf-8" />
  <title> </title>
  <style type = "text/css">
    .w1{
        position: absolute;
        top: 40%;
        left: 40%;
    }
    .w1 .origin
    {
       width: 50px;
       height: 50px;
       border-radius: 50%;
       border: 8px solid #FF0000;
       transform: rotate(0);
       position: relative;

    }
    .w1 .origin：：after{
        display: block;
        content: "";
        top：-10px;
        left: 20px;
        width: 40px;
        height: 70px;
        position: absolute;
        background-color：#fff;
    }
    .w1 .origin .current{
        width: 50px;
        height: 50px;
        border-radius: 50%;
        border: 8px solid #FF0000;
        transform: rotate(180deg);
        position: relative;
```

```
        left: 80px;
        top: -7px;
    }
    .w1 .current：：after{
        display: block;
        content: "";
        top：-10px;
        left: 20px;
        width: 40px;
        height: 70px;
        position: absolute;
        background-color：#fff;
        transform: rotate(180deg);
    }
</style>
</head>
<body>
  <div class="w1">
      <div class="origin">
          <div class="current"></div>
      </div>
  </div>
</body>
</html>
```

【直通考证】

选择题

1. 可以将元素的定位模式设置为相对定位模式的方式是（　　　）。

 A. position：absolute   B. position：static

 C. position：relative   D. position：fixed

2. 下列属性和属性值能实现弹性布局纵轴居中的是（　　　）。

 A. display：around;   B. display：absolute;

 C. align-items：center;   D. align：center;

3. 下列弹性布局是左右平均分配设置的是（　　　）。

 A. display：flex;

B. display：flex；align：center；

C. display：flex；justify-contents: space-around；

D. display：flex；aligns-items：center；

4. flex-grow 的作用是（　　　）。

A. 弹性盒子元素对齐方式 　　　　　　B. 弹性盒子元素的排列方式

C. 弹性盒子元素显示次序 　　　　　　D. 弹性盒子元素如何分配剩余空间

5. 下列属性是设置项目顺序为横向排列的是（　　　）。

A. flex-direction: row； 　　　　　　B. display：flex；

C. align：center； 　　　　　　D. flex-direction: coloum；

6. 设置主轴方向的弹性盒子元素的对齐方式可以使用（　　　）属性实现。

A. align-content 　　　　　　B. justify-content

C. align-self 　　　　　　D. align-items

【任务评价】

任务	内容	配分／分	得分／分
美化网页其他区域	了解盒子的 3 种定位布局及定位样式	20	
	能熟练使用 CSS3 过渡效果	20	
	能熟练使用 CSS3 变形效果	20	
	能熟练使用 CSS3 动画效果	20	
	能设置 z-index 属性及透明度	20	
总分		100	

项目四

增强网页交互行为

经过一段时间的学习实践，王华已经能熟练完成"环保网"静态网页部分的制作。张涛告诉王华，接下来要让网站"动起来"，通过 JavaScript 和 JQuery 给网页添加用户交互效果或动画效果，使网页层次更加丰富，画面更加美观。

在本项目中，王华需要继续学习 JavaScript，是一种嵌入 HTML 页面中的编程语言，由浏览器一边解释一边执行。如果网页中只有 HTML 和 CSS，页面一般只供用户浏览，而 JavaScript 的出现，使得用户可以与页面进行交互（如各种鼠标效果），让网页实现更多绚丽的效果。但 JavaScript 语法复杂，而且还会出现各种兼容问题，因此，常把 JavaScript 中经常用到的一些功能或特效封装成一个"代码库"，在实际开发中，只需调用一些简单的函数就能直接使用这些功能或特效，jQuery 是辅助 JavaScript 开发的一个库。

本项目工作包括：

◆制作轮播图的图片切换效果；

◆完成政策条例动态交互效果；

◆制作新闻中心选项卡切换效果；

◆制作垃圾分类动画展示效果；

◆制作加载动画效果；

◆制作志愿者招募板块提交后的验证效果。

微 课

任务一　制作轮播图交互板块

【任务描述】

　　王华从张涛那了解到轮播图板块的要求是：用户没有点击时进行自动轮播，单击图片两侧的按钮或下方的数字按钮也可以进行轮播。

　　完成本任务后，你应该会：

①说出 JavaScript 基础语法；

②说出 jQuery 过滤的常用方法；

③说出 jQuery 动画的常用方法；

④熟练运用 JavaScript 控制语句及函数；

⑤熟练运用 DOM 节点操作；

⑥通过制作动态效果提升合作学习能力和自学能力。

【预期呈现效果】

图 4-1　轮播图板块截图

【知识准备】

1. 初识 JavaScript 并引入文件

　　JavaScript 是一种直译式脚本语言，也是一种动态类型、弱类型、基于原型的语言，内置支持类型。它的解释器被称为 JavaScript 引擎，为浏览器的一部分，广泛用于客户端的脚本语言，最早是在 HTML（标准通用标记语言下的一个应用）网页上使用，用来给

HTML 网页增加动态功能。

方式一：在＜script＞标签之间书写 JavaScript 代码。

在 HTML 文件中书写 JavaScript 代码，在 body 标签后书写＜script＞＜/script＞标签，在＜script＞标签之间书写 JavaScript 代码，示例代码如下：

```
<!DOCTYPE html>
<html>
  <head>
    <meta charset="utf-8">
    <title></title>
  </head>
  <body>
  </body>
  <script>
  </script>
</html>
```

方式二：在外部文件书写 JavaScript 代码。

创建 HTML 文件后，再创建一个 js 文件，如图 4-2 和图 4-3 所示。

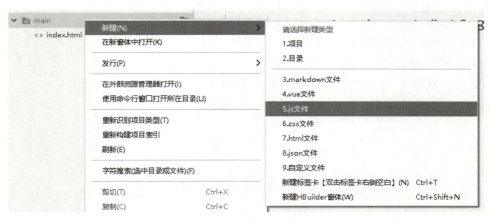

图 4-2 新建 js 文件

图 4-3 命名为 index.js

创建完 js 文件后，在 HTML 中引用 js 文件，在 js 文件中书写 JavaScript 代码，如图 4-4 所示。

```
1  <!DOCTYPE html>
2  <html>
3      <head>
4          <meta charset="utf-8">
5          <title></title>
6          <script type="text/javascript" src="./index.js">
7          </script>
8      </head>
9      <body>
10     </body>
11
12 </html>
```

图 4-4　引用外部 js 文件

注意：
● 与其他编程语言一样，JavaScript 须严格区分大小写。
● 为了提高代码的美观性和可读性，应习惯采用缩进的方式书写代码。
● 在 JavaScript 中，每个语句后的分号可写可不写，若不写，有的浏览器能正常运行，但有的浏览器则不能正常运行。为了养成良好的书写代码的习惯，应该在每个语句书写完成后加分号（；）表示结束。
● JavaScript 不会执行注释，可以对 JavaScript 代码进行解释，或者提高代码的可读性。单行注释以"//"开头，多行注释以"/*"开始，以"*/"结尾。
● JavaScript 常见的快捷键有 Alt + F2（快速打开浏览器）、Crtl + Alt + 下（快速复制）、Ctrl + Alt + Delete（快速注释）。

例如，用两种引用方式实现弹框效果。
方式一：在外部 js 文件中书写 JS 代码，如图 4-5 所示。

```
1  <!DOCTYPE html>                              1  alert("Javascript欢迎您！");
2  <html>
3      <head>
4          <meta charset="utf-8">
5          <title></title>
6          <script type="text/javascript"
7          </script>
8      </head>
9      <body>
10     </body>
11
12 </html>
```

图 4-5　在外部 js 文件中书写 JS 代码

方式二：在 js 标签中书写 JS 代码，如图 4-6 所示。

```
1  <!DOCTYPE html>
2  <html>
3      <head>
4          <meta charset="utf-8">
5          <title></title>
6
7          </script>
8      </head>
9      <body>
10     </body>
11     <script>
12         alert("Javascript欢迎您！");
13     </script>
14 </html>
```

图 4-6　在 js 标签中书写 JS 代码

书写完成后，单击图4-7中的按钮选择一个浏览器运行，或按快捷键"Ctr＋R"运行。

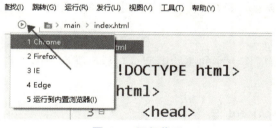

图 4-7　运行代码

运行结果如图 4-8 所示。

图 4-8　运行结果

2. 数据类型

JS 数据分类表如图 4-9 所示。

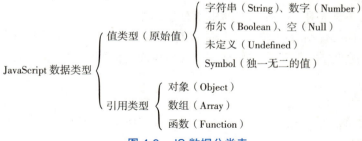

图 4-9　JS 数据分类表

（1）Undefined 类型

该类型只有一个值，即 Undefined，当声明变量未初始化时，该变量的默认值就是 Undefined。

（2）Null 类型

该类型也只有一个值，即 Null。值 Undefied 其实是由 Null 派生而来的。在 JavaScript 中，Null 值与 Undefined 是相等的，Null 表示尚未存在的对象。

（3）Boolean 类型

该类型有两个值，分别是 True 和 False。

（4）Number 类型

该类型可以表示 32 位的整数，也可以表示 64 位的符点数，同时也可以表示科学记数法。

（5）特殊的 NaN

NaN 表示非数（not a number）。当数据类型转换失败时，会返回 NaN 值。

（6）String 类型

该类型是唯一没有固定大小的原始类型。与数组类型类似，它可以被当作字符类型的数组。

（7）typeof 和 instanceof

typeof 操作符用于获取一个变量或者表达式的类型，通常用于值类型。instanceof 操作符用于判断一个引用类型属于哪种类型。

3. 变量与注释

（1）变量

变量是指在程序运行时其值可以改变的量，变量的功能是存储数据。

变量的三个基本要素：

①变量名：每一个变量都应该有一个名字。

②变量的数据类型：每一个变量都应具有一种数据类型（在定义时指定）内存中占据一定的储存空间。

③变量的值：变量对应的存储空间中所存放的数。

变量赋值：在 JavaScript 中，使用 var 关键字定义变量，使用等号为变量赋初值，也使用等号改变值的大小。变量的类型是通过等号后面的值赋予的，在没有赋初值时，变量类型为 Undefied。

如 var a = 10;

上述语句的意思是：定义一个变量 a，为 a 赋初值 10，a 的类型通过后面的值 10 判断为 Number 类型。

如定义一个变量名为 index，并为其赋值为 –1，其代码为：

var index = –1;

如定义一个变量为其赋值为布尔值，其代码为：

var name = false;

var phone = false;

var date = false;

（2）运算符

①单行注释。

在 JavaScript 中，使用"// 注释内容"进行单行注释。"//"后面即为注释的内容，不支持换行。

// 定义变量 a，并给 a 赋值为 10

// 上面的注释为单行注释
　　var a = 10;
　　alert("a 的类型是：" + typeof(a));
②多行注释。
使用 "/* 注释内容 */" 进行多行注释，在多行注释时，是可以将注释内容进行换行的。
/* 下面语句的含义是：
　　定义变量的变量名为 b，为 b 赋初值为 "orange"，
　　所以 b 的类型是 string 型 */
/* 这是多行注释 */
var b = "orange";
alert("b 的类型是：" + typeof(b));
注意：注释并不影响程序的执行结果。

4. 运算符与表达式

（1）JavaScript 运算符

JavaScript 运算符包括赋值运算符（=）、算术运算符（+，-，*，/，%）、比较运算符（>，<，>=，<=，!= 等）、逻辑运算符（&&，∥，!）、一元运算符（++，--）、二元运算符（+=，-=，*=，/=）、三元运算符又称问号表达式（表达式为条件？真：假）。

（2）表达式

JavaScript 的表达式是由数字、算符、数字分组符号（括号）、自由变量和约束变量等以能求得数值的有意义排列方法所得的组合。约束变量在表达式中已被指定数值，而自由变量则可以在表达式之外另行指定数值。通常分为算术表达式（由 +，-，*，/ 等组成式子）和逻辑表达式（&，|，!）。逻辑运算的结果只有两个：True（真）和 False（假）。

（3）运算符的优先级

当多个运算符并列处于一个表达式中时，运算符之间具有优先级顺序。运算优先级规律如下：算术运算符 > 比较运算符 > 逻辑运算符 > 赋值运算符。
判断两个字符串是否相等，代码如下：
window.name != "a1"
对变量 index 进行自增、自减运算，代码如下：
index++; index--;
将 val.length 的值与 0 进行大小比较，代码如下：
val.length > 0
对 phone 变量与 name 逻辑值的判断，代码如下：
phone && name

如：

var a = 2+2;

var b = 3-2;

var c = 3*2;

var d = 3/2;

用弹框显示对应的值，观察和数学运算是否一致。

求逻辑运算表达式的值：

var a=3，b=4，c=5,d=6;

var as = (a<b)&&(c<d);

var bs =(a<b)|(c<d);

var cs = !(a>b);

alert("as 的值为：" + as);

alert("bs 的值为：" +bs);

alert("cs 的值为：" + cs);

运行结果如图 4-10 所示。

图 4-10　运行结果

三元运算符的计算：

var a = 200;

var b = a*1.5;

// 按照优先级先计算第一个等号右边的三元表达式

//b 的值为 200*1.5 = 300，300>=220，表达式为真

// 最终结果为 b 的值赋值给 sum

var sum = b>=220?b：a;

alert(sum);

运行结果如图 4-11 所示。

图 4-11 运行结果

5. 条件控制语句

JavaScript 中条件分支语句有 if⋯else⋯ 和 switch 两大类，其中，if⋯else⋯ 为条件判断语句，switch-case 为条件选择语句。

（1）if-else 的格式

if⋯else⋯ 条件语句表示假如的意思，在程序运行中提供判断的功能，if 中可以有多个表达式，但所有表达式最后必须提供一个统一的 true 或者 false。if(true) 可以进入对应的代码块中运行，否则会跳到下一个代码块中运行。其语法格式为：

```
if( 条件表达式 1){
// 当条件表达式 1 为真时执行的代码
}else if( 条件表达式 2){
}…… 可以有多个 else if( 条件表达式 n){
}else{
// 当前面的表达式均不匹配时执行的代码
}
```

（2）switch-case 语句的格式

switch 选择语句表示多条件选择，符合哪个 case 的值就执行哪个 case 中的代码块，需要特别注意的是，每个 case 代码块中必须有 break 结尾，否则会执行后面 case 中设置的代码块内容。

语法格式为：

```
switch(n){
case 1: break;
case 2: break;
...
case n: break;
// 前面表达式均不匹配时执行 default 代码
default: break; // 这里的 break 可写可不写
}
```

在 "环保网" 中，利用 if 语句制作页面加载动画，代码为：

```
if(window.name != "a1"){
}else{
  }
```

轮播图的判断：

```
if($(this).hasClass("btn2")) {
        if(index > 2) index = -1;
        index + +;
    }else{
        if(index < 1) index = 4;
        index--;
    }
```

志愿者招募板块对姓名的验证：

```
if(val.length > 0){
        name = true;
    }else{
        name = false;
    }
```

对电话号的验证：

```
if(zhengze.test(val)){
        phone = true;
    }else{
        phone = false;
    }
    if(phone && name) {
        $("#submit").css();
    }
```

单击"提交"后进行的验证：

```
if(!name){
        $(".name_after").text(" 请输入姓名 ");
    }else{
        $(".name_after").text("");
    }
    if(!phone){
        $(".phone_after").text(" 请输入正确号码 ");
    }else{
        $(".phone_after").text("");
    }
    if(!date){
        $(".date_after").text(" 请输入日期 ");
    }else{
```

```
        $(".date_after").text("");
    }
    if(name&&phone&&date){
        alert(" 提交成功 ");
    }
}
```

6. setInterval() 函数

（1）认识函数

JavaScript 函数是被设计为执行特定任务的代码块，函数会在某代码调用它时被执行。

（2）JavaScript 函数语法

JavaScript 函数通过 function 关键词进行定义，其后是函数名和括号 ()。

函数名可包含字母、数字、下画线和美元符号（规则与变量名相同）。

```
function name( 参数 1, 参数 2, 参数 3) {
    要执行的代码
}
```

（3）setInterval()

setInterval() 方法以指定的时间间隔（以 "ms" 为单位）调用函数，周期性调用函数，直到调用 clearInterval() 或关闭窗口。

在"环保网"中，利用 setInterval() 函数制作每隔 3 s 完成一次循环的计时器函数，代码为：

```
setInterval(() = > { }, 3000)
```

7. DOM 删除节点

如需删除元素和内容，一般可使用以下两个 jQuery 方法：

①remove()：删除被选元素（及其子元素）。

②empty()：从被选元素中删除子元素。

初始代码如下：

```
<input  type = "button" id = "btn" value = " 删除元素 "/>
<div id = "outer">
    <p> 第一个段落 </p>
    <p> 第二个段落 </p>
    <p> 第三个段落 </p>
</div>
```

运行结果如图 4-12 所示。

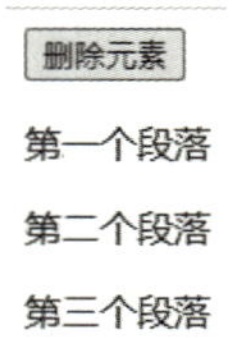

图 4-12　运行结果

找到待删除的元素，代码如下：

删除第一个 p 元素

// 找到该待删除的元素

var deleEle = $("p: first");

删除元素

// 待删除的元素调用 remove() 函数

deleEle.remove();

运行结果如图 4-13 所示。

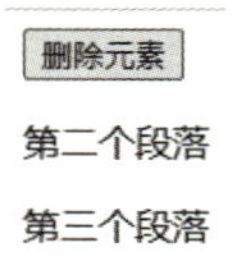

图 4-13　运行结果

8. 初识 jQuery 及下载安装

（1）初识 jQuery

jQuery 是一个快速、简洁的 JavaScript 框架，是继 Prototype 之后又一个优秀的 JavaScript 代码库（框架），于 2006 年 1 月由 John Resig 发布。jQuery 设计的宗旨是"write Less，Do More"，即倡导写更少的代码，做更多的事情。它封装了 JavaScript 常用的功能代码，提供一种简便的 JavaScript 设计模式，优化 HTML 文档操作、事件处理、动画设计和 Ajax 交互。

jQuery 的核心特性可以总结为：具有独特的链式语法和短小清晰的多功能接口；具有高效灵活的 CSS 选择器，并且可对 CSS 选择器进行扩展；拥有便捷的插件扩展机制和丰富的插件。jQuery 兼容各种主流浏览器，如 IE 6.0＋、FF 1.5＋、Safari 2.0＋、Opera 9.0＋ 等。

jQuery 的特点：

● jQuery 是一个 JavaScript 函数库。

● jQuery 是一个轻量级的"写得少，做得多"的 JavaScript 库。

jQuery 库包含以下功能：

①HTML 元素选取。

②HTML 元素操作。

③CSS 操作。

④HTML 事件函数。

⑤JavaScript 特效和动画。

⑥HTML DOM 遍历和修改。

⑦AJAX。

⑧Utilities。

（2）下载安装

到 jQuery 官网上找到自己所需要的版本，再进行下载。

①Production version：用于实际的网站中，已被精简和压缩。

②Development version：用于测试和开发（未压缩，是可读的代码）。

示例代码如下：

＜head＞

　＜script src＝"https：//apps.bdimg.com/libs/jquery/2.1.4/jquery.min.js"＞

　＜/script＞

＜/head＞

下载 jQuery 框架，如图 4-14 所示。

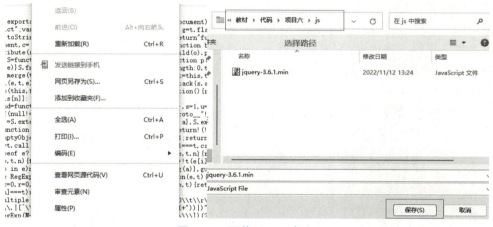

图 4-14　下载 jQuery 框架

打开网页，选择网页另存为，选择路径，直接保存。

加载安装 jQuery：

在项目中加载 jQuery，如图 4-15 所示。

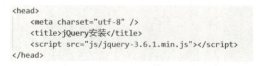

图 4-15　引入 jQuery 框架

注意：在装载 jQuery 的 script 标签中不能再添加任何语句。

查看 jQuery 版本：

在浏览器中，按"F12"，在"Console"窗口中，输入 $.fn.jquery，查看 jQuery 版本号，

如图 4-16 所示。

图 4-16　查看 jQuery 版本

9. jQuery 基础选择器及层次选择器

（1）基础选择器

jQuery 选择器允许对 HTML 元素组或单个元素进行操作。基于元素的 id、类、类型、属性、属性值等"查找"（或选择）HTML 元素。它基于已经存在的 CSS 选择器，除此之外，还有一些自定义的选择器。jQuery 中所有选择器都以美元符号开头，如 $()。基础选择器有以下 5 种类型。

①ID 选择器，为给定的 ID 匹配一个元素，格式为：$("#id 名")。

②元素选择器，为给定的元素名匹配所有元素，格式为：$("元素名")。

③类选择器，为给定的类匹配元素，格式为：$(".类名")。

④通配符"*"选择器，可匹配所有元素，格式为：$("*")。

⑤并集选择器，格式为：$("选择器 1，选择器 2，……")。

在 HTML 中定义元素：

```
<body>
    <p> 这是第一个段落 </p>
    <p> 这是第二个段落 </p>
    <p> 这是第三个段落 </p>
    <p> 这是第四个段落 </p>
</body>
```

装载 jQuery：

```
<script src="js/jquery-3.6.1.min.js"></script>
```

使用基础选择器：

```
<script>
  var p = $('#first').html(" 这是改变后的 html");
</script>
```

运行结果如图 4-17 所示。

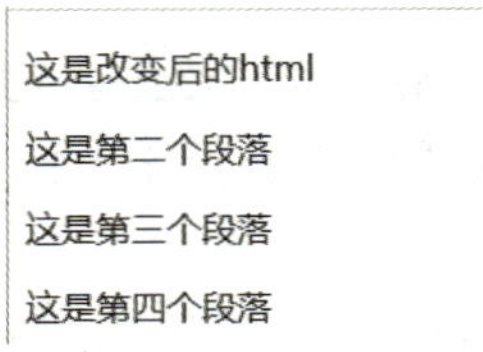

这是改变后的html

这是第二个段落

这是第三个段落

这是第四个段落

图 4-17　运行结果

（2）层次选择器

其中，层次选择器有以下几种：（下面的 M，N 均代表基础选择器）

①后代选择器，语法 "$("M N")"；

②子代选择器，语法 "$("M > N")"；

③兄弟选择器，语法 "$("M ～ N")"；

④相邻选择器，语法 "$("M + N")"。

在"环保网"中，选中类名为"page1_popup"的节点，代码如下：

$(".page1_popup")

选中类名为 ".page2_nav" 的子节点 img，代码如下：

$(".page2_nav img")

10. 设置 CSS 样式

样式操作指的是使用 jQuery 来操作一个元素的 CSS 属性。在 jQuery 中，常用的样式操作有以下两种。

（1）CSS 属性操作

在 jQuery 中，对 CSS 属性的操作有两种情况：一种是"获取属性"；另一种是"设置属性"。

使用 css() 方法来获取一个 CSS 属性的取值。

语法：$().css(" 属性名 ")。

设置元素的某一个 CSS 属性值，也是使用的 css() 方法。针对 css() 方法，需要分两种情况考虑：一种是"设置单个属性"；另一种是"设置多个属性"。

语法：

```
// 设置一个属性
$().css(" 属性 ", " 取值 ")
// 设置多个属性
$().css({" 属性 1": " 取值 1", " 属性 2": " 取值 2", ..., " 属性 n": " 取值 n"})
```

说明：

当想要设置多个 CSS 属性时，使用的是对象形式。其中，属性与取值采用的是"键值对"方式，然后每个键值对之间用英文逗号隔开。

（2）CSS 类名操作

类名操作，指的是为元素添加一个 class 或删除一个 class，从而整体控制元素的样式。在 jQuery 中，类名操作有以下 3 种方式。

①添加 class：$().addClass(" 类名 ")。

②删除 class：$().removeClass(" 类名 ")。

③切换 class：$().toggleClass(" 类名 ")。

在"环保网"中，为类名为"page1_popup"的节点设置块级元素，代码如下：

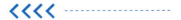

$(".page1_popup").css("display"，"block")

为类名为".silie-yuan .yuan"的节点移除类 ac，代码如下：

$(".silie-yuan .yuan").removeClass("ac");

11. jQuery 类名过滤（hasClass()）和下标过滤（eq）

（1）类名过滤（hasClass()）

使用 hasClass() 方法实现类名过滤，该方法检查当前元素是否含有某个特定的类，如果有，则返回 true 值。

语法如下：

$(selector).hasClass("className");// 其中 class 是必须的值，规定需要在指定元素中查找的类名

hasClass() 也可以同时写多个 class，但它们之前用空格隔开，代码如下：

$(selector).hasClass("className1 className2");

例如：

```
<!DOCTYPE html>
<html>
<head>
<meta charset="utf-8">
<title></title>
<script src="./js/jquery-3.6.0.min.js">
</script>
<script>
$(document).ready(function(){
  $("button").click(function(){
      alert($("p").hasClass("exe"));
  });
});
</script>
<style type="text/css">
.exe{
  font-size：120%；
  color：red；
}
</style>
</head>
<body>
<p class="exe">这是段落 1</p>
```

<p> 这是段落 2</p>
<p> 这是段落 3</p>
<button> 是否有 p 元素使用了 "exe" 类？</button>
</body>
</html>

运行结果如图 4-18 所示。

图 4-18　运行结果

检查 <p> 标签是否含有 "exe" 类。

（2）下标过滤（eq）

使用 eq() 方法实现下标过滤，获取当前链式操作中的第 N 个 jQuery 对象，返回 jQuery 对象。

当参数大于等于 0 时为正向选取，即从前面往后面数（与下标一致），0 是代表第一个，1 是代表第二个，以此类推；当参数小于 0 时为反向选取，即从后面往前面数，即倒数，–1 代表倒数第一个，–2 代表倒数第二个，以此类推。

$().eq(n)

eq() 方法返回带有被选元素的指定索引号的元素。因为索引号从 0 开头，所以第一个元素的索引号是 0（不是 1）。

在"环保网"中，为类名为 ".popup_list .nav_con" 节点的所有同级元素添加类 ac，代码如下：

```
$(".popup_list .nav_con").eq(index).addClass("ac");
```

【任务实施】

制作轮播图交互效果

```
setInterval(() => {    /* 创建计时器函数，每隔 3 s 进行轮播 */
    var index = + $(".silie").attr("index"); /* 获取图片索引值 index*//* attr() 方法设置或返回被选元素的属性值；通过 "+" 将 index 转为 number 类型 */
    if(index > 2) index = –1; /* 利用 if 语句实现放完最后一张图片时衔接到第一张图片 */
    index ++;     /* index 变量自增 */
```

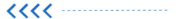
```
        $(".silie").attr("index"，index);
        $(".silie img").css("left"，-100*index+"%");     /* 控制图片进行移动 */
        $(".silie-yuan .yuan").removeClass("ac");     /* 移除所有小圆点的突出效果 */
        $(".silie-yuan .yuan").eq(index).addClass("ac");     /* 添加小圆点突出效果 */
    }，3000)
```

【任务扩展】

1. 类型转换

在 JavaScript 中，如果要将一个变量的类型转换成另一种类型，有以下几种类型转化方式。

①Number(变量)：将变量转化为 number 类型。

②String(变量)：将变量转化为 string 类型。

③Boolean(变量)：将变量转化为布尔值类型，其中，该函数会将非 0 数字转化为 true，将 0 转化为 false。

④parseInt(变量)：将变量转化为 number 类型。

⑤parseFloat(变量)：将变量转化为 float 类型。

例如：定义多种类型的变量

//a 为 number 类型

var a = 123;

//b 为 string 类型

var b = "123";

//c 为 string 类型

var c = "123aa";

//d 为 boolean 类型

var d = true;

变量类型互转，如图 4-19—图 4-21 所示。

```
alert("b的原来的类型是：" + (typeof b));
//将string类型转化为number
b = parseInt(b);
alert("b的类型是：" + (typeof b));
```

图 4-19 类型转换

转换.html

127.0.0.1:8848 显示

b的原来的类型是：string

确定

图 4-20 b 原来的类型

图 4-21　b 转换过后的类型

2. 转义字符

转义字符是字符的一种间接表示方式，JavaScript 中的转义字符有 "\0""\b""\t""\n" "\v""\f""\r""\"""\'""\\""\xX""\uXXXX""\XXX"。

使用场景：转义字符是字符的一种间接表示方式。在特殊语境中，无法直接使用字符自身。

JavaScript 转义序列如图 4-22 所示。

序列	代表字符
\0	Null字符（\u0000）
\b	退格符（\u0008）
\t	水平制表符（\u0009）
\n	换行符（\u000A）
\v	垂直制表符（\u000B）
\f	换页符（\u000C）
\r	回车符（\u000D）
\"	双引号（\u0022）
\'	撇号或单引号（\u0027）
\\	反斜杠（\u005C）
\xXX	由 2 位十六进制数值 XX 指定的 Latin-1 字符
\uXXXX	由 4 位十六进制数值 XXXX 指定的 Unicode 字符
\XXX	由 1~3 位八进制数值（000 ~ 377）指定的 Latin-1 字符，可表示 256个字符。如 \251 表示版本符号。注意，ECMAScript 3.0 不支持，考虑到兼容性不建议使用

图 4-22　转义字符序列

例如：认识 document.write() 函数

document.write() 函数是 JavaScript 中对 document.open 所开启的文档流，它能够直接在文档流中写入字符串。document.write() 函数用法和 alert() 函数一样，但它显示的内容是在网页正文中的。

document.write("hello javascript");

HTML 页面显示如图 4-23 所示。

图 4-23　HTML 页面显示

使用转义字符编辑文字格式：

// 转义字符左引号 (\") 和右引号 (\") 的使用

document . write(" 在重庆我们都是 \" 老师 \" ");

转义字符引号的使用，如图 4-24 所示。

图 4-24　转义字符引号的使用

特殊转义字符 \n：

\n 在字符串中要达到转义的效果，通常要和 alert() 一起用，与 document.write() 配合是无效的。

// 转义字符换行的使用

document.write(" 我现在这一段要 \n 换行 ");

运行结果如图 4-25 所示。

图 4-25　\n 在 write 中无效果

// 转义字符换行的使用

document .write(" 我现在这一段要 \n 换行 ");

//alert. 里面可以正常换行

alert(" 我是 alert 里面的 \n 换行 ");

运行结果如图 4-26 所示。

图 4-26　\n 在 alert 中有效果

3. 循环语句

（1）for 循环

for（表达式 1; 表达式 2; 表达式 3）

```
{
中间循环体;
}
```

for 循环流程图如图 4-27 所示。

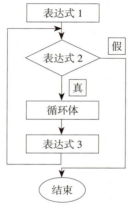

图 4-27　for 循环流程图

表示式可以省略，但分号不可省略，因为 ";" 可以代表一个空语句，省略了之后语句，即语句格式发生变化，则编译器不能识别而无法进行编译。

for 循环小括号中第一个 ";" 号前为一个不参与循环的单次表达式，它可作为某一变量的初始化赋值语句，用来给循环控制变量赋初值；也可用来计算其他与 for 循环无关但先于循环部分处理的一个表达式。

";" 号之间的条件表达式是一个关系表达式，其为循环的正式开端，当条件表达式成立时执行中间循环体。

执行的中间循环体可以为一个语句，也可以为多个语句，当中间循环体只有一个语句时，其大括号 {} 可以省略，执行完中间循环体后接着执行末尾循环体。

执行末尾循环体后将再次进行条件判断，若条件成立，则继续重复上述循环，当条件不成立时则跳出当下 for 循环。

（2）for … in 循环

for … in 语句循环遍历对象的属性，多用于对象、数组等复合类型，以遍历其中的属性和方法。其语法结构如下：

```
for ( 键 in 对象 ){
    代码块
}
```

（3）while 循环

while(表达式){ 代码块; } 只要表达式为真，即可进入循环，while(true) 是著名的死循环。其语法结构如下：

```
while( 表达式 ){
```

代码逻辑

}

（4）do…while 循环

do…while 语句和 while 语句类似，只是会先执行 do 语句里的内容，再执行 while 判断语句。其语法结构如下：

do{

代码块

}while(表达式)

例如：

求 1～100 之间的整数之和。

var sum = 0;

for(var i = 1;i < = 100;i + +){

  sum + = i;

}

alert("1～100 的整数和为 : "+ sum);

整数和的结果显示如图 4-28 所示。

图 4-28　整数和的结果显示

创建对象并遍历：

var per = {name : "zhansan" , age : 18, height : 180}; // 定义一个名叫 zhansan 的对象

var key;

for(key in per){

  document. . write(key + " : "+per[key]);

  document. . write("< br > ");

}

遍历对象的结果如图 4-29 所示。

图 4-29　for…in 遍历对象

利用 while 循环求和：

var i＝1;

var sum ＝ 0;

　　while(i＜101){

　　sum ＋＝i;

　　i＋＋;

　　document. write(" 使用 while，1 ～ 100 之间的和为 : "＋sum);

}

运行后的效果图如图 4-30 所示。

图 4-30　使用 while 改写过后的效果图

4. 函数

（1）自定义函数

JavaScript 中自定义函数的方法有 3 种，即使用 function 语句、使用 function() 构造函数和定义函数直接量。

①使用 function 语句声明函数。

function funName([参数]){

　函数体 ;

}

②使用 function() 构造函数快速生成函数。

var funName ＝ new function(参数 1，参数 2，……，函数体);

③匿名函数。

function([参数]){

函数体 ;

}

定义函数，实现两位数的加法操作。

＜script＞

　var a ＝ 13, b＝22;

　// 定义函数

　function add(i，j){

　　return i＋j ;

　}

```
    var sum = add(a，b);
    document.write(" 两个数的和为 : "+sum);
</script>
```

运行结果如图 4-31 所示。

两个数的和为：35

图 4-31　两数之和

用 3 种不同的方式来定义两个数的加法运算：

①使用 function 语句声明函数。

```
function add(a，b){
    return a+b;
}
```

②使用构造函数声明函数。

```
var add = new Function("a"，"b"，"return a+b");
```

使用构造函数，里面的参加都要加上 " "。

③使用匿名函数。

```
function(a，b){
return a+b;
}
```

（2）函数的调用及返回值

①调用函数的 3 种方式：

● 对象：函数名（函数参数）；

● call 方法调用函数：函数名 .（调用者，参数 1，参数 2，……）

● apply 方法调用函数 : apply(调用者，参数数组)

②函数的返回值。

● 每个函数在被调用后都会有返回值，默认返回值为 undefined；

● 若想返回函数中的变量和函数则需要用 return；

● return 一次只能返回一个值，如果要返回多个数据，可以使用数组或对象；

● return 语句后面的代码不会再执行，return 具有阻断作用。

例如：函数的调用

```
function show(name，age){
    document.write(" 他的名字是 : "+name+" 年龄是 : "+age);
}
```

第一种方式调用函数：

```
window.show("zhangsan"，41);
```

运行结果如图 4-32 所示。

图 4-32 直接调用

第二种方式调用函数：

show.call(window，"lisi"，15);

运行结果如图 4-33 所示。

图 4-33 通过 call 调用效果

第三种方式调用函数：

show.apply(window，["wangwu"，17]);

运行结果如图 4-34 所示。

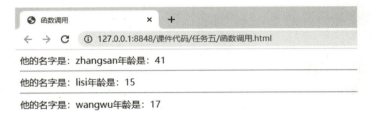

图 4-34 通过 apply 调用效果

（3）函数嵌套

函数嵌套，就是允许函数内部嵌套函数的，但并不是所有的编程语言都可以。所谓代码嵌套，就是在函数内部又有函数声明。

函数的执行情况如下：

①直接调用外部函数。

```
function outer(){
    var a = 100;
    function inner(){
        var b = a + 100;
        alert("b 的值是："+b); ①
    }
        alert(" 外面 a 的值是："+a); ②
}
```

　　outer();

函数 outer() 调用，弹出② alert() 中的值。里面的 inner() 函数不会被执行。

运行结果如图 4-35 所示。

图 4-35　函数调用结果

②直接外部调用 inner()。

// 外部调用内部函数

　　inner();

　　outer();

执行结果显示错误，因为 inner() 为内部函数，不能直接被外部调用，如图 4-36 所示。

图 4-36　调用报错

③内部调用内部函数。

function outer(){

vara = 100;

function inner(){

varb = a + 100;

alert("b 的值是 : " + b);

}

// 函数内部调用 inner() 函数

inner();

alert(" 外面 a 的值是 : " + a);

}

函数执行结果正确，如图 4-37、图 4-38 所示。

图 4-37　能正常调用 b

图 4-38 外面 a 正常调用

（4）函数的作用域

作用域是变量或函数的可访问范围。它控制着变量或函数的可见性和生命周期。作用域的使用提高了程序逻辑的局部性，增强了程序的可靠性。

JavaScript 的作用域有全局作用域和局部作用域两种。

● 全局作用域：在整个 script 标签或者一个单独的 js 文件内起作用。

● 局部作用域（函数作用域）：只能在函数内部起效果和作用。

① 认识作用域。

观察以下函数的执行情况，思考在函数 outer 中，包括哪些作用域标识符。

```
function outer(a){
    var b = 100;
function inner(){
        alert(" 我是 inner 函数内部 ");
    }
    var c = 110;
    alert(" 我是 outer 内部，inner 外部 ");
}
```

作用域内有 a，b，c 变量和 inner 函数这 4 个作用域标识符。

由于以上标识符都属于 outer() 的作用域，因此无法在 outer() 函数的外部对这些标识符进行访问，也就是说，这些标识符全都无法从全局作用域中进行访问，如果在全局作用域中对其访问，则会导致错误。

例如：作用域代码如图 4-39 所示。

```
<script>
    function outer(a){
        var b = 100;
        function inner(){
            alert("我是inner函数内部");
        }
        var c = 110;
        alert("我是outer内部，inner外部");
    }

    inner();
    //alert(a);
</script>
```

图 4-39 作用域代码

程序会显示 ReferenceError 错误，在当前作用域范围内，无法找到已定义的 inner() 函数，如图 4-40 所示。outer() 函数具有屏蔽作用域内变量的作用，alert(a) 也有同样的道理，a 是属于 outer() 域内变量，故不能在外部对其访问。

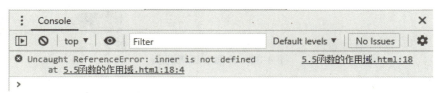

图 4-40　程序出错

局部变量只能在当前函数内访问到，若离开此范围则无法访问。而全局变量，则可以在定义过后的任何地方访问。

②作用域内外值的变化。

```
var a = 110;
function fun(){
    var a = 10;
    alert(" 函数内部 a 的值为 "+a);
}
fun(); // 调用 fun 函数
alert(" 函数执行完过后，a 的值为：" + a);
```

执行结果：

在函数内部，因为变量 a 的值相同，故屏蔽外部 a 的值，显示内部定义的 a 的值，如图 4-41 所示。

图 4-41　函数内部 a 正常显示

在函数外部，外部定义的变量 a 为 110，故显示值为 110，而 fun 内部的 a 仅在 fun 内部为 10，出了作用域后不再存在，故不会显示为 10，如图 4-42 所示。

图 4-42　函数执行完毕

③作用域链。

内部函数访问外部函数的变量，采取的是链式查找方式来决定取哪个值。（就近原则）

```
// 链式查找
var a = 123;
function outer(){
    var a = 321;
    function inner(){
        alert("inner 函数内调用 a 的值为: " + a);
    }
    inner();  //outer 作用域内调用 inner 函数
}
outer();
```

执行结果:

因为就近原则,inner() 内部调用的 a 距离 outer 内部定义的 a 的值最近,故最终显示为 321,而不会显示 123,程序执行结果如图 4-43 所示。

图 4-43　程序执行结果

（5）内置函数

JavaScript 内置函数是浏览器内核自带的,不用任何函数库引入就可以直接使用的函数。JavaScript 内置函数一共可分为五类:

①常规函数,见表 4-1。

表 4-1　常规函数表

常规函数	描述
alert()	显示一个警告对话框
confirm()	显示一个确认对话框,包括 ok,cancel 按钮
escape()	将字符转换成 Unicode 码
eval()	计算表达式的结果
isNaN()	测试是否为一个数字
parseFloat()	将字符串转化成符点数字形式
parseInt()	将变量转换成整数数字类型
prompt()	显示一个输入对话框,提示等待用户输入

②数组函数 Array 对象，见表 4-2。

表 4-2　数组函数表

数组函数	描述
concat()	将两个数组拼接成新数组，并返回
join()	由数组中所有元素连接成一个 string 对象
pop()	删除数组中的最后一个元素并返回该值
push()	向数组中添加新元素，返回数组的新长度
shift()	删除数组中的第一个元素，并返回该值
unshift()	在数组头部插入指定元素，并返回该数组
sort()	数组元素排序
reverse()	和 sort 相反，反向排序
slice	返回数组中的一个片段
splice	从数组中删除元素
indexOf()	判断数组中是否存在该值
valueOf()	返回数组的所有值

③日期函数 Date 对象，见表 4-3。

表 4-3　日期函数表

日期函数	描述
getDate()	返回日，值为 1~31
getDay()	返回星期几，值为 0~6，0 表示星期日
getHours()，getMinutes()，getSeconds()	返回时、分、秒，均从 0 开始
getTime()	返回系统时间
getMonth()	返回月，值为 0~11，0 表示 1 月
setHours()，setMinutes()，setSeconds()，SetDate()，setMonth()，setYear()	设置时、分、秒、日、月、年

④数学函数 Math 对象，见表 4-4。

表 4-4　数学函数表

数学函数	描述
abs()	返回数字的绝对值

续表

数学函数	描述
acos()	返回数字的反余弦值，结果为 0~π
asin()	返回数字的反正弦值，结果为 −π/2~π/2
atan()	返回一个数字的反正切值，结果为 −π/2~π/2
atan2	返回一个坐标的极坐标角度值
ceil()，floor()	返回一个数字的最小整数值，最大整数值
cos()	返回一个数字的余弦值，结果为 −1~1
exp()	返回 e 的乘方值
pow()	返回一个数字的乘方值
log()	自然对数函数，返回一个数字的自然对数值（e）
max()，min()	返回两个数的最大、最小值
random()	返回一个 0~1 的随机数值
round()	返回变量的四舍五入值，类型是整型
sin()	返回数字的正弦值，结果为 −1~1
tan()	返回一个数字的正切值
sqrt()	返回一个数字的平方根

⑤字符串函数，见表 4-5。

表 4-5　字符串函数表

数学函数	描述
archor()	产生一个链接点，以作超链接使用
big()，small()	字体加一号，字体减一号
blink()	使字符闪烁
bold()	使字体加粗
charAt()	返回字符串中指定的某字符
fixed	将字体设定为固定宽度字体
fontcolor()	设定字体颜色
fontsize()	设定字体大小
indexOf()	返回字符串中第一个查找到的下标 index，从左开始

续表

数学函数	描述
italics()	让字体成为斜体字
lastIndexOf()	返回字符串中第一个查找到的下标 index，从右开始
length()	返回字符串长度
link()	产生一个超链接
strike()	在文本中单加一条横线
sub()，sup()	显示字符串为下标、上标
substring()	返回字符串中指定的几个字符
toLowerCase() toUpperCase()	将字符串转换为小写、大写
concat()	连接两个或多个字符串
substr(num1，num2，…)	截取字符串

定义对象

var today = new Date(); //定义日期对象

使用函数

var day = today.getDate();

alert(" 今天是：" + day + " 号 ");

运行结果如图 4-44 所示。

图 4-44　效果截图

5. DOM 节点操作

（1）创建、插入节点

①创建元素。

在 jQuery 中创建元素的方法是 $（"标签内容"），如 $("< a href = '#' > a 标签的内容 </a >")。

②将元素插入合适的位置。

append()：在被选元素的结尾插入内容。

prepend()：在被选元素的开头插入内容。

after()：在被选元素之后插入内容。

before()：在被选元素之前插入内容。

例如：

构建页面初始代码

```
<div id="parent">
    <input type="button" id="btn" value="点击创建一个 p 标签"/>
    <p>这是一个段落</p>
    <p>这是一个段落</p>
    <p>这是一个段落</p>
    <p>这是一个段落</p>
    <p>这是一个段落</p>
</div>
```

默认效果如图 4-45 所示。

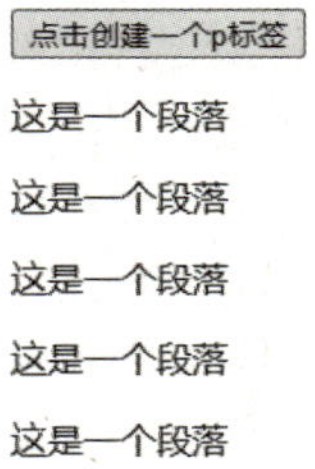

图 4-45　效果图

编制响应函数：

引入 jQuery 框架。

```
<script src="js/jquery-3.6.1.min.js"></script>
$("#btn").click(function(){
    alert("这是点击按钮和响应函数");
});
```

创建元素：

```
// 创建新元素
var newP = $("<p>这是一个新的段落</p>");
// 新标签样式设置
newP.css("color", "red");
```

插入元素：

```
// 找到待插入的位置，在最后一个段落的前面 prepend()
$("p:last").prepend(newP);
```

运行结果如图 4-46 所示。

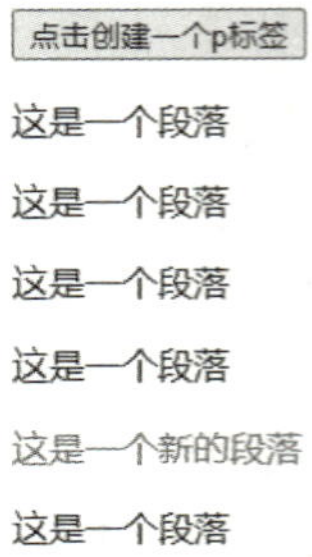

点击创建一个p标签

这是一个段落

这是一个段落

这是一个段落

这是一个段落

这是一个新的段落

这是一个段落

图 4-46　运行结果

（2）复制节点

在 jQuery 中，可以使用 clone() 方法复制某一个元素。

语法：

$().clone(bool)

说明：

参数 bool 是一个布尔值，取值为 true 或 false，默认值为 false。

● true：表示不仅复制元素，并且还会复制元素所绑定的事件。

● false：表示仅仅复制元素，但不会复制元素所绑定的事件。

第一步：构建初始代码。

```html
<ul>
  <li>html</li>
  <li>css</li>
  <li>javascript</li>
  <li>jquery</li>
</ul>
<input  type="button" value=" 按一下，复制元素 4" id="clik"/>
```

运行结果如图 4-47 所示。

- html
- css
- javascript
- jquery

按一下,复制元素4

图 4-47　运行结果

第二步：创建代码事件响应函数。

```javascript
$(document).ready(function(){
  $("li").click(function(){
  // 当前点击对象的文本内容变成 ' 点击了 '
  $(this).html(" 点击了 ");
  });
});
```

第三步：复制元素。

// 找到第四个 li，复制该元素同时复制该元素的事件

var cloneli = $("ul li：nth-child(4)").clone(true);

第四步：将元素放置于页面指定位置。

// 将复制到的元素加入 ul 里

$("ul").append(cloneli);

总体代码和运行结果如图 4-48 所示。

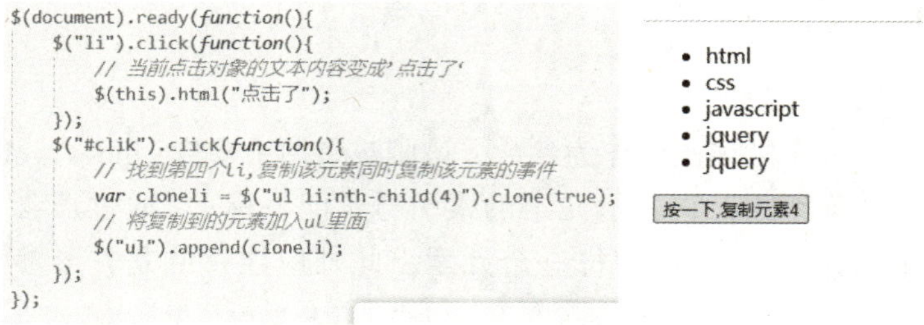

```
$(document).ready(function(){
    $("li").click(function(){
        // 当前点击对象的文本内容变成"点击了"
        $(this).html("点击了");
    });
    $("#clik").click(function(){
        // 找到第四个li,复制该元素同时复制该元素的事件
        var cloneli = $("ul li:nth-child(4)").clone(true);
        // 将复制到的元素加入ul里面
        $("ul").append(cloneli);
    });
});
```

- html
- css
- javascript
- jquery
- jquery

按一下,复制元素4

图 4-48　运行结果

（3）替换节点

在 jQuery 中，如果想要替换元素，主要有 replaceWith() 和 replaceAll() 两种方法。

语法格式为：

$(A).replaceWith(B) 代表：用 B 来替换 A

$(A).replaceAll(B) 代表：用 A 来替换 B

初始代码：

<p id="p"> 欢迎来到 jQuery 学习课程 </p>

<div>Hello jQuery!</div>

<input type="button" id="btn" value=" 点击替换 "/>

找到被复制的元素：

var A = $("#p");

创建新元素：

var B = $("<a href='#'>Hello world!</a>");

调用替换函数：

A.replaceWith(B);

运行结果如图 4-49 所示。

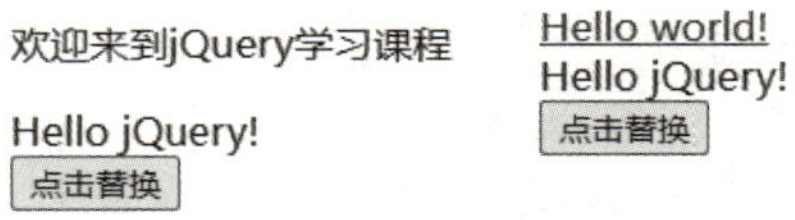

欢迎来到jQuery学习课程

Hello jQuery!
点击替换

Hello world!
Hello jQuery!
点击替换

图 4-49　运行结果

（4）遍历节点

操作 DOM 时，很多时候我们需要对"同一类型"的所有元素进行相同的操作。如果使用 JavaScript 实现，通常都是先获取元素的长度，然后使用循环来访问每一个元素，代码量比较大。

在 jQuery 中，可以使用 each() 方法轻松实现元素的遍历操作。

语法：

$().each(function(index, element){

　　……

})

说明：

each() 方法接收一个匿名函数作为参数，该函数有两个参数：index，element。

index 是一个可选参数，它表示元素的索引号（即下标）。通过形参 index 以及配合 this 关键字，我们就可以轻松操作每一个元素。此外应注意的是，形参 index 是从 0 开始的。

element 是一个可选参数，它表示当前元素，可以使用 (this) 代替。也就是说，(element) 等价于 $(this)。

如果需要退出 each 循环，可以在回调函数中返回 false，也就是 return false 即可。

初始代码：

```
<ul>
    <li> </li>
    <li> </li>
    <li> </li>
    <li> </li>
    <li> </li>
</ul>
<input  type="button" id="btn" value=" 一键添加内容 "/>
```

遍历元素：

$("li").each(function(index，elem){   });

each() 方法的参数是一个匿名函数：function(index, elem){}。没错，实际上函数也可以当作参数。可自定义参数名，前面使用什么参数，后续代码逻辑中就要使用相同的名称参数。

添加内容：

// 因为 index 从 0 开始计算，故第一个元素进行 +1

var txt = " 这是第 "+(index+1)+" 个 li 元素 ";

$(this).html(txt);

这里可以用 $(this) 也可以用 $(elem)，都是当前被遍历的元素，如图 4-50 所示。

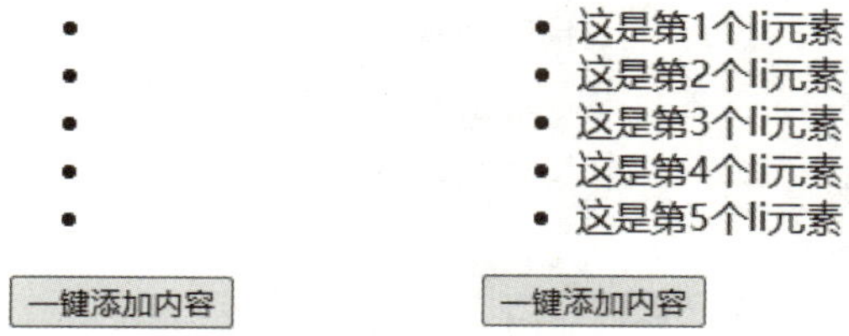

- 这是第1个li元素
- 这是第2个li元素
- 这是第3个li元素
- 这是第4个li元素
- 这是第5个li元素

一键添加内容 　　　　一键添加内容

图 4-50　运行结果

（5）包裹元素

在 jQuery 中，如果想要将某个元素用其他元素包裹起来，主要有 wrap()、wrapAll() 和 wrapInner() 3 种方法。

语法：

$(A).wrap(B)

说明：$(A).wrap(B) 表示将 A 元素使用 B 元素包裹起来。

wrap() 方法是将所有元素进行"单独"包裹，而 wrapAll() 方法是将所匹配的元素"一起"包裹。

$(A).wrapInner(B) 表示将 A 元素"内部所有元素以及文本"使用 B 元素包裹起来。注意：wrapInner() 方法不会包裹 A 元素本身。

初始代码：

```
<p> 这是一个段落 </p>
<p> 这是一个段落 </p>
<p> 这是一个段落 </p>
<input  type = "button" value = " 包裹元素 " id = "bgbtn"/>
```

包裹元素创建设置：

```
// 包裹元素为 div，将 div 样式的背景设置为黄色
var B = "<div style = 'background：yellow'> <div >";
```

调用包裹元素函数：

```
$("p").wrap(B);
```

运行效果如图 4-51 所示。

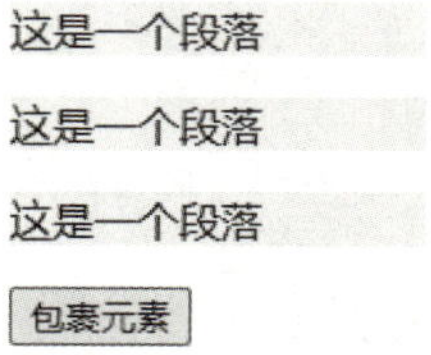

这是一个段落

这是一个段落

这是一个段落

包裹元素

图 4-51　运行效果

```
$("p").wrapAll(B);
```

运行效果如图 4-52 所示。

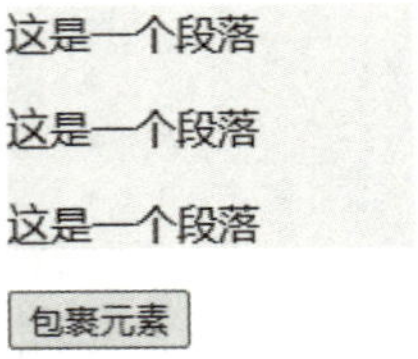

这是一个段落

这是一个段落

这是一个段落

包裹元素

图 4-52　运行效果

6. 其他选择器

（1）属性选择器

属性选择器是通过 HTML 元素的属性来选择元素的。

语法构成如下：

● $(attribute^= value) 选取给定属性是以某些特定值开始的元素；

● $(attribute$= value) 选取给定属性是以某特定值结尾的元素；

● $(attribute*= value) 选取给定属性是以包含某些值的元素。

例如：$("a[href^='www']")：在 a 标签中，href 属性值以 "www" 开头的元素被选中

<div class = "outer">

　<a href = "index.html"> 这是一个 html 文件 </a>

　<a href = "www.baidu.com"> 打开是百度 </a>

　<a href = "img/photo.jpg"> 打开是一张图片 </a>

</div>

选中 href 属性值以 HTML 结尾的元素，将其字体颜色变为红色。

代码如下：

$("a[href$='html']").css("color", "red");

运行结果如图 4-53 所示。

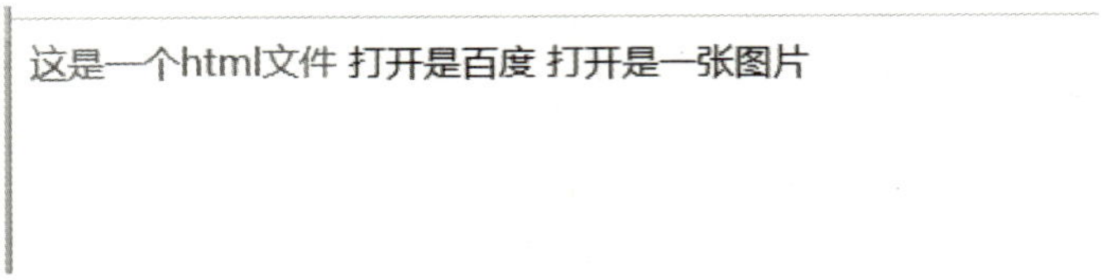

这是一个html文件 打开是百度 打开是一张图片

图 4-53　运行结果

（2）过滤选择器

过滤选择器主要通过特定的过滤表达式来筛选特殊需求的 DOM 元素，过滤选择器的语法形式与 CSS 的伪类选择器的语法格式相同，以冒号作为前缀标识符。根据需求的不同，过滤选择器又可以分为定位过滤器、内容过滤器、可见过滤器和状态过滤器。

定位过滤器分类见表 4-6。

表 4-6　定位过滤器分类

数学函数	描述		
定位过滤器	：first	：last	：not
	：even	：eq	：odd
	：gt	：lt	：header
	：animated		
内容过滤器	：contains	：empty	：has
	：parent		
可见过滤器	：hidden	：visible	

构建初始代码 HTML：

```
<div>
  <a href="#">a 标签的内容 </a>
  <a href="#">a 标签的内容 </a>
  <a href="#">a 标签的内容 </a>
  <a href="#">a 标签的内容 </a>
</div>
```

运用 jQuery 找到对应的元素设置样式：

```
$("a：first").css("color"，"aqua");
$("a：last").css("background"，"yellow");
```

运行结果如图 4-54 所示。

a标签的内容 a标签的内容 a标签的内容 a标签的内容

图 4-54　运行结果

（3）jQuery 其他过滤

①判断过滤（is()）。

判断过滤，指的是先根据某些条件进行判断，然后选取符合条件的元素。在 jQuery 中，使用 is() 方法来实现判断过滤。

同 hasClass() 类似，is() 方法也是用来检查被选择的元素是否包含指定的 class 名，其用法为：

```
$(selector).is(".className");
```

同样 is() 也可以有多个类名的写法，例如：

```
$(selector).is(".className，.className");
```

代码如下：

```
<!DOCTYPE html>
```

```html
<html>
<head>
  <script type="text/javascript" src="./js/jquery-3.6.0.min.js"></script>
</head>
<body>
  <ul>
      <li class="li"> 最长的电影 </li>
      <li class="li"> <strong> 彩虹糖 </strong> </li>
      <li class="li"> 明明就 </li>
    </ul>
</body>
<script type="text/javascript">
  $(function(){
        var bool = $('.li：first').parent('ul').children().is('.li');
      console.log(bool); //true
            if($('.li').children().is('strong')){
        $('.li').children().css('color'，'hotpink')
      }
    })
</script>
</html>
```

判断 ul 的孩子中是否有 ".li" 的元素，如果有输出 true；判断 li 中是否有 strong 这个标签，如果为真则将这个字体变为 hotpink。

运行结果如图 4-55 所示。

图 4-55 运行结果

is() 运行条件判断

②反向过滤（not()）。

在 jQuery 中，使用 not() 方法来过滤"不符合条件"的元素，并且返回余下符合条件的元素。

$().not(selector 或 fn)

当 not() 方法参数是一个选择器时，表示使用选择器来过滤不符合条件的元素，然后选取余下元素。

● 如返回不带有类名 "intro" 的所有 <p> 元素：

$("p").not(".intro")

● 如选中非段落元素：

: not(p){ }

● 如让某个样式不作用到选择器：

代码如下：

```
<!DOCTYPE html>
<html>
<head>
  <script type="text/javascript" src="./js/jquery-3.6.0.min.js"></script>
</head>
<body>
  <ul>
    <input type="text" value="花海"/>
    <input type="text" value="七里香"/>
    <input type="text" class="no-red" value="轨迹"/>
  </ul>
</body>
<script type="text/javascript">
  $('input').not(': even').css('color', 'red');  // 选择不是偶数的 input 标签
</script>
</html>
```

运行结果如图 4-56 所示。

| 花海 | 七里香 | 轨迹 |

图 4-56　运行结果

选中奇数 input 标签，设置为红色字体。

③表达式过滤。

表达式过滤指的是使用"自定义表达式"的方式来选取符合条件的元素。这种自定义表达式可以是选择器，也可以是函数。

语法：

$().filter(selector)

参数 selector 是一个选择器。

代码如下：

```
<!DOCTYPE html>
<html>
<head>
  <script type="text/javascript" src="./js/jquery-3.6.0.min.js"></script>
</head>
<body>
  <ul>
```

```
        <input type = "text" value = " 花海 " />
        <input type = "text" value = " 七里香 " />
        <input type = "text" class = "no-red" value = " 轨迹 "/>
    </ul>
</body>
<script type = "text/javascript">
$('input').filter(': even').css('color', 'red');  // 选择是偶数的 input 标签
</script>
</html>
```

运行结果如图 4-57 所示。

图 4-57　运行结果

选择是偶数的 input 标签，设置为红色字体。

【直通考证】

一、单选题

1. 在 HTML 中嵌入 JavaScript，应该使用的标签是（　　　）。

  A. <style> </style>　　　　　　　　　　B. <script> </script>

  C. <JS> </JS>　　　　　　　　　　　　D.

2. 下列有关说法中，正确的是（　　　）。

  A. JavaScript 其实就是 Java，只是叫法不同而已

  B. 如果一个页面加入 JavaScript，那么这个页面就是动态页面

  C. 在实际开发中，大多数情况下都是使用外部 JavaScript

  D. 内部 JavaScript，指的就是把 HTML 和 JavaScript 放在不同的文件中

3. 下列选项中，不属于比较运算符的是（　　　）。

  A. = =　　　　　　　B. = = =　　　　　　　C. ! = =　　　　　　　D. =

4. 下列关于 JavaScript 中 return 的含义描述正确的是（　　　）。

  A. return 可以将函数的结果返回给当前函数名

  B. 如果函数中没有 return，则返回 undefined

  C. return 可以用来结束一个函数

  D. return 可以返回多个值

二、多选题

1. 关于 jQuery 的选择器，下列描述正确的是（　　　）。

  A. $(div span) 表示匹配所有后代元素

    B. $('div > span') 表示匹配直接子元素

    C. $('div + next') 表示匹配紧接在 div 元素后的 next 元素

    D. 无法匹配元素的所有同辈元素

2. 下列说法正确的有（　　　）。

    A. 属性要在开始标签中指定，用来表示该标签的性质和特性

    B. 通常都是以"属性名 =" 值 ""的形式来表示

    C. 一个标签可以指定多个属性

    D. 指定多个属性时不用区分顺序

3. 下列能弹出如图 4-58 所示"标题 1"的 jQuery 代码是（　　　）。

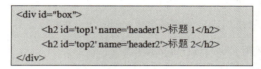

```
<div id="box">
    <h2 id='top1' name='header1'>标题 1</h2>
    <h2 id='top2' name='header2'>标题 2</h2>
</div>
```

图 4-58　代码

  A. alert($('#top1').text());   B. alert($("[name = 'header1']").text());

  C. alert($('#header1').text());   D. alert($('[name = header1]').text());

三、判断题

1. JavaScript 是运行在服务器端的脚本语言。   （　　　）

2. JavaScript 中的输出方式只有 1 种。   （　　　）

3. null 和 undefined 的值相等。   （　　　）

4. 定义变量值为 null，变量的类型是 Null。   （　　　）

四、实操题

1. 请使用循环计算下列算式的值：

$$1 - \frac{1}{2} + \frac{1}{3} - \frac{1}{4} + \frac{1}{5} + \cdots + \frac{1}{49} - \frac{1}{50}$$

2. 基础代码如图 4-59 所示：

```
<p id="first">这是第一个段落</p>
<p>这是第二个段落</p>
<p>这是第三个段落</p>
<p>这是第四个段落</p>
<div>这是第五个段落</div>
<script>
    var p = $('#first').html("这是改变过后的html");
</script>
```

图 4-59　题目代码

（1）使用 jQuery 代码，将图 4-59 中的所有元素颜色设置成绿色。

（2）第二个和第三个元素设定类名为 other，将两个元素变为粗体。

（3）将 div 元素设定为高 200 px、宽 400 px。

【任务评价】

任务	内容	配分/分	得分/分
制作轮播图	知道引入 JavaScript 代码的两种方式	20	
	能描述并理解 JavaScript 的基础语法	10	
	能熟练定义待使用的变量	10	
	能运用流程控制语句解决问题	10	
	能正确使用运算符和表达式	10	
	能说出函数的定义、理解函数相关理论知识并熟练运用	10	
	能灵活运用 jQuery 选择器选择元素	10	
	能根据需求选择不同事件解决问题	10	
	能灵活运用 jQuery 过滤筛选出节点	10	
总分		100	

微 课

任务二　完成动画与鼠标交互效果

【任务描述】

让轮播图"动起来"后，王华还了解到，政策条例板块的要求是：鼠标移入每章标题后显示对应的条例，鼠标移开后隐藏。如果条例内容过多则添加滚动条。分类动画板块的要求是：鼠标移入后用动画的形式显示对应的文字描述。新闻中心板块的要求是：鼠标单击"规划""意见""方案"时显示不同文字内容的切换，并在左边制作一个小型轮播图，通过左右两侧按钮实现切换。

完成本任务后，你应该会：

①说出 setTimeout() 函数的语法；

②牢记常见鼠标事件函数及键盘事件的语法；

③说出表单事件的语法；

④应用鼠标事件函数；

⑤正确使用键盘事件；

⑥熟练使用表单事件；

⑦通过制作动画与鼠标交互效果提升逻辑思维能力和合作学习能力。

【预期呈现效果】

图 4-60　加载动画

图 4-61　垃圾分类动画

图 4-62　新闻中心选项卡

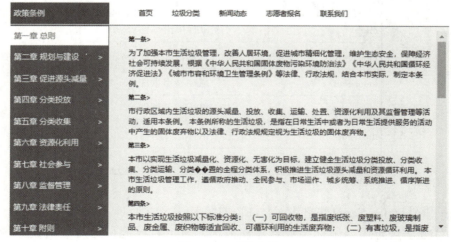

图 4-63　政策条例

【知识准备】

1. setTimeout() 函数

setTimeout() 方法在若干毫秒后调用函数，只执行一次。

在"环保网"中，利用 setTimeout() 完成 1.6 s 后移除类名为 loader 的节点，代码如下：

```
setTimeout(() = > {
        $(".loader").remove();
    }, 1600)
```

2. 事件

HTML 事件可以是浏览器行为，也可以是用户行为。如 HTML 页面完成加载、HTML 按钮被点击，在事件被触发时 JavaScript 可以执行一些代码，如弹出一个对话框、执行一个函数等。

jQuery 基本事件有以下 6 种：

①页面加载事件；

②鼠标事件；

③键盘事件；

④表单事件；

⑤编辑事件；

⑥滚动事件。

在 jQuery 中，常见的鼠标事件见表 4-7。

表 4-7　常见的鼠标事件

事件	说明
click	鼠标单击事件
mouseover	鼠标移入事件
mouseout	鼠标移出事件
mousedown	鼠标按下事件
mouseup	鼠标松开事件
mousemove	鼠标移动事件

jQuery 事件比 JavaScript 事件少了"on"前缀。

hover() 方法规定了当鼠标指针悬停在被选元素上时要运行的两个函数。方法触发 mouseenter 和 mouseleave 事件。因此，是 hover() mouseenter 和 mouseleave 的合成。

语法如下：

$().hover(fn1, fn2)

参数 fn1 表示鼠标移入事件触发的处理函数，参数 fn2 表示鼠标移出事件触发的处理函数。

比较的区别：mouseenter、mouseleave 和 mouseover、mouseout。

①mouseenter 和 mouseleave。

代码如下：

```html
<!DOCTYPE html>
<html>
<head>
<script src="./js/jquery-3.6.0.min.js">
</script>
<style type="text/css">
  #d1{
      width: 400px;
      height: 400px;
      background-color: blanchedalmond;
  }
  #d2{
      width: 200px;
      height: 200px;
      background-color: pink;
  }

</style>
</head>
  <body>
    <div id="d1">
        <div id="d2"></div>
    </div>
  </body>
<script>
    $("#d1").mouseenter(function(){
        console.log("----------");
        console.log("鼠标进入 d1");
    })
      .mouseleave(function(){
        console.log("鼠标移出 d1");
    });
  </script>
</html>
```

当鼠标移入 d1 区域时触发 mouseenter 事件，控制台输出 ---------- 和 "鼠标进入 d1"，
移入 d2 区域不变；当鼠标移出 d1 区域时触发 mouseleave 事件，控制台输出 "鼠标移出
d1"，如图 4-64 所示。

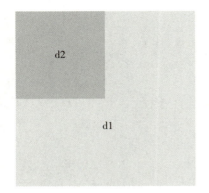

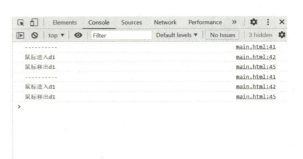

图 4-64 运行结果

鼠标触发 mouseenter 和 mouseleave 事件。

②mouseover 和 mouseout。

代码如下：

```
<!DOCTYPE html>
<html>
<head>
<script src="./js/jquery-3.6.0.min.js">
</script>
<style type="text/css">
  #d1{
      width: 400px;
      height: 400px;
      background-color: blanchedalmond;
  }
  #d2{
      width: 200px;
      height: 200px;
      background-color: pink;
  }
</style>
</head>
  <body>
    <div id="d1">
        <div id="d2"></div>
    </div>
  </body>
<script>
    $("#d1").mouseover(function(){
```

```
            console.log("----------");
            console.log(" 鼠标进入 d1");
        }).mouseout(function(){
            console.log(" 鼠标移出 d1");
        });
    </script>
</html>
```

当鼠标移入 d1 区域时触发 mouseenter 事件，控制台输出 --------- 和 "鼠标进入 d1"；当鼠标移入 d2 区域时触发 mouseleave 事件，控制台输出 "鼠标移出 d1"，并再次触发 mouseenter 事件，控制台输出 --------- 和 "鼠标进入 d1"，如图 4-65 所示。

图 4-65 运行结果

鼠标触发 mouseenter 和 mouseleave 事件。

① 在 "环保网" 中，给出政策条例的每一个章名（如 "第一章 总则" 和 "第二章 规划与建设"），如图 4-66 所示。

图 4-66 章名

绑定 hover 事件，代码如下：

$(".page1_tab .ul-1 li").hover(function() { 代码 1 }, function() { 代码 2})

实现鼠标悬停时，只显示鼠标指向的章节条例，将其他未指向的条例进行隐藏，如鼠

标悬停在"第一章 总则",只显示第一章的条例,隐藏其他章节条例,效果图如图 4-67 所示。

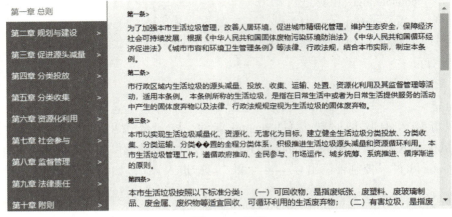

图 4-67　章节

②给垃圾分类动画中的 4 张图片绑定 hover 事件,如图 4-68 所示。

图 4-68　垃圾分类动画

代码如下:

```
$(".page2_nav img").hover(function() { }, function(){})
```

实现鼠标悬停在某一图片时显示该图片对应的文字介绍,如鼠标悬停在第二张图片时,显示内容如图 4-69 所示。

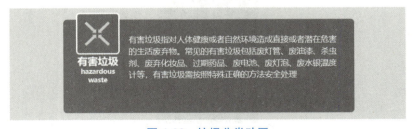

图 4-69　垃圾分类动画

③给轮播图的按钮绑定单击事件,如图 4-70 所示。

图 4-70　垃圾分类动画按钮

代码如下：

$(".silie-btn").click(function() {})

$(".silie-yuan .yuan").click(function() {})

④给新闻中心的每个选项卡绑定单击事件，如图 4-71 所示。

图 4-71　效果图

代码如下：

$(".page3_tab .tab").click(function() {})

⑤给新闻中心小型轮播图的左右切换按钮绑定单击事件，如图 4-72 所示。

图 4-72　效果图

代码如下：

$(".page3_list .list_btn").click(function(){})

3. 数组及 index()

在 HTML 中，数组就是一组数据的集合，一个数组可以存放多种不同类型的数据。

（1）定义数组

var x = new Array();　// 空数组

var x = new Array(size);　// 指定长度的数组

var x = new Array(element0, element1, ..., elementN);　// 创建一个数组并赋值

（2）数组下标与长度

数组元素的个数即为数组长度。

数组下标是对数组元素的编号，从 0 开始，最大下标为数组长度减 1。

（3）index()

JS 中的 index() 返回指定元素相对于其他指定元素的 index 位置。这些元素可通过 jQuery 选择器或 DOM 元素来指定。如果未找到元素，index() 将返回 −1。

在"环保网"中，如"政策条例"板块，利用 index() 获取鼠标悬停在某章节的索引；利用 index() 获取轮播图数字切换选项卡的索引；利用 this 获取"垃圾分类动画"中的图片的索引。代码为：

var index = $(this).index();

4. this

在 JS 中，this 的意思为"这个；当前"，是一个指针型变量，它动态地指向当前函数的运行环境。

在"环保网"中，利用 this 确定一些指向。

在 $("div").click(function(){……} 中，$(this) 等 价 于 $("div")。　而 在 $("p").click (function(){……} 中，$(this) 等价于 $("p")。

如"政策条例"板块，利用 this 指向鼠标悬停的某章节；利用 this 指向鼠标单击的轮播图数字切换选项卡；利用 this 指向"垃圾分类动画"鼠标悬停的图片。代码为：

var index = $(this).index();

并给获取到的轮播图数字切换选项卡添加类 ac，代码为：

$(this).addClass("ac");

利用 this 判断轮播图的左右按钮，代码为：

if($(this).hasClass("btn2"))

【任务实施】

1. 制作垃圾分类动画展示效果

```
$(".page2_nav img").hover(function() {   /* 为 4 张分类图片绑定悬停事件，制作鼠标
移上去时的动态效果 */
    index = $(this).index();   /* 获取鼠标悬停的图片索引值 */
    $(".page2_list .list").eq(index).addClass("list_show")   /* 显示鼠标悬停某一图片对
应的描述内容 */
    $(".page2_list").css({   /* 将描述垃圾分类的大盒子层级往上移，透明度设为 1*/
        "z-index": "2",
        "opacity": "1"
    })
}, function(){

})
$(".page2_list").hover(function() {   /* 为垃圾分类的描述内容绑定悬停事件 */
    $(".page2_list").css({   /* 鼠标移入时一直显示 */
        "z-index": "2",
        "opacity": "1"
    })
}, function(){   /* 鼠标移出时将描述垃圾分类的大盒子往下移，隐藏 */
    $(".page2_list .list").removeClass("list_show")
    $(".page2_list").css({
        "z-index": "-1",
        "opacity": "0"
```

```
    })
  })
```

2. 制作加载动画效果

```
setTimeout(() => {   /* 控制加载动画显示 1.6 s 后移出 */
    $(".loader").remove();
}, 1600)
if(window.name != "a1"){
    $(".main").css("animation", "main .3s 1s forwards")   /* 如果页面还未加载，设置加
载动画样式 */
}else{
    $(".main").css("opacity", "1")   /* 页面加载，显示出整个网页 */
    $("#loading").css("opacity", "0")   /* 页面加载，隐藏加载动画 */
}
```

3. 制作新闻中心选项卡切换效果

```
$(".page3_tab .tab").click(function() {   /* 为 3 个选项卡按钮绑定单击事件 */
    var index = + $(this).index();   /* 获取鼠标点击某一选项卡的索引值 */
    $(".list_text").css("left", -100*index+"%")   /* 设置文字内容盒子的左部位置，索
引值不同位置不同 */
    $(".page3_tab .tab").removeClass("ac");   /* 移除所有选项卡按钮的突出效果 */
    $(this).addClass("ac")   /* 为当前点击的选项卡按钮添加突出效果 */
})


$(".page3_list .list_btn").click(function(){   /* 为小型轮播图的左右按钮绑定单击事件 */
    var index = $(".page3_list .list_img").attr("index");   /* 获取每张图片的索引值 */

    if($(this).hasClass("btn2")) {   /* 判断是否点击的是右边按钮 */
        if(index > 1) index = -1;   /* 点击右边按钮，如果一直点直到最后一张图片，
衔接到第一张图片 */
        index++;   /* 显示下一张图片 */
    }else{   /* 如果点击左边按钮 */
        if(index < 1) index = 3;   /* 点击左边按钮，如果一直点直到第一张图片，衔
接到最后一张图片 */
        index--;   /* 显示上一张图片 */
```

```
        }
        $(".list_img").attr("index", index);   /* 随着轮播的进行，index 值发生改变，重新
获取 */
        $(".list_img img").css("left", –100*index＋"%");   /* 设置文字内容盒子的左部位
置，索引值不同位置不同 */
    })
```

4. 制作政策条例动态交互效果

```
    $(".page1_tab .ul-1 li").hover(function() {   /* 为每章绑定悬停事件，制作鼠标移上去时
的动态效果 */
        var index = $(this).index();   /* 获取鼠标悬停的章名索引值 */
        $(".page1_popup").css("display", "block");   /* 显示出条例的父级盒子 */
        $(".popup_list .nav_con").removeClass("ac");   /* 隐藏所有条例 */
        $(".popup_list .nav_con").eq(index).addClass("ac");   /* 只显示鼠标悬停章名对应
的条例 */
    }, function() {
        $(".page1_popup").css("display", "none")   /* 鼠标移出后，隐藏条例的父级盒子 */
    })


    $(".page1_popup").hover(function(){   /* 鼠标移入后条例一直显示，移出后隐藏 */
        $(".page1_popup").css("display", "block")
    }, function() {
        $(".page1_popup").css("display", "none")
    })


    $(".silie-btn").click(function() {   /* 给轮播图左右两个侧边按钮绑定单击事件，实现
点击轮播 */
        var index = ＋ $(".silie").attr("index");   /* 获取侧边按钮的索引值 */
        if($(this).hasClass("btn2")) {   /* 判断是否点击的是右边按钮 */
            if(index＞ 2) index = –1;   /* 点击右边按钮，如果一直点直到最后一张图片，
衔接到第一张图片 */
            index＋＋;   /* 显示下一张图片 */
        }else{
            if(index ＜ 1) index = 4;   /* 点击左边按钮，如果一直点直到第一张图片，衔
接到最后一张图片 */
            index--;   /* 显示上一张图片 */
        }
```

```
$(".silie").attr("index", index);   /* 设置小圆圈样式和图片的 left 值 */
$(".silie img").css("left", −100*index+"%");
$(".silie-yuan .yuan").removeClass("ac");
$(".silie-yuan .yuan").eq(index).addClass("ac");
})


$(".silie-yuan .yuan").click(function() {   /* 为小圆圈绑定单击事件，实现对图片的控制 */
    var index = $(this).index();   /* 获取点击的小圆圈的索引值 */
    $(".silie img").css("left", −100*index+"%");   /* 设置文字内容盒子的左部位置，索引值不同位置不同 */
    $(".silie-yuan .yuan").removeClass("ac");   /* 移除所有小圆圈的突出效果 */
    $(this).addClass("ac");   /* 为当前点击的小圆圈添加突出效果 */
})
```

【任务扩展】

1. 其他基础事件

（1）页面加载事件

onload 事件是在文档对象加载完成后触发并运行 JavaScript 脚本。通常用于 <body> 元素中，只有当页面中的所有 DOM 元素（HTML 代码）以及所有外部文件（图片、外部 CSS、外部 JavaScript 等）加载完成后才会执行。

语法如下：

在 JavaScript 中：

```
window.onload = function(){
myScript
}
```

在 HTML 中：

```
<element onload="myScript">
```

表示页面加载完成后执行后面的 function 函数。

实现页面加载一个图片后弹出一个弹框。

代码如下：

```
<!DOCTYPE html>
<html>
<head>
```

```
<meta charset="utf-8" />
<title></title>
<script src="./js/jquery-3.6.0.min.js"></script>
<script>
    function loadImage() {
        alert(" 图片已被加载！ ");
    }
</script>
</head>
<body>
    <img src="./img/05A9B423-902C-4583-BEB1-13FF0C73E80F. png" onload="loadImage()" width="300" height="200">
</body>
</html>
```

结果如下：

网页运行后先弹出一个弹框，如图 4-73 所示。

图 4-73 图片加载弹框

单击"确定"按钮后，页面再显示一张图片，如图 4-74 所示。

图 4-74 单击"确定"后的效果

（2）键盘事件

在 jQuery 中，常用的键盘事件有键盘按下和键盘松开两种。

①键盘按下：keydown。

②键盘松开：keyup。

keydown 表示键盘按下一瞬间所触发的事件，而 keyup 表示键盘松开一瞬间所触发的事件。

统计字符的长度，代码如下：

```html
<!DOCTYPE html>
<html>
<head>
  <meta charset="utf-8" />
  <title></title>
  <script src="./js/jquery-3.6.0.min.js"></script>
  <script>
    $(function () {
      $("#txt").keyup(function(){
        var str = $(this).val();
        $("#num").text(str.length);
      })
    })
  </script>
</head>
<body>
  <input id="txt" type="text" />
  <div>
    字符串长度为：
    <span id="num">0</span>
  </div>
</body>
</html>
```

运行结果如图 4-75 所示。

hello

字符串长度为： 5

图 4-75 效果图

（3）表单事件

在 jQuery 中，常用的表单事件有 focus 和 blur、select、change 3 种。

①focus 和 blur。

focus 表示获取焦点时触发的事件，blur 表示失去焦点时触发的事件。例如，用户准备在文本框中输入内容时，此时它会获得光标，就会触发 focus 事件。当文本框失去光标时，就会触发 blur 事件。

如用搜索框触发焦点事件，代码如下：

```
<!DOCTYPE html>
<html>
<head>
  <meta charset="utf-8" />
  <title></title>
  <style type="text/css">
    #search{color: gainsboro;}
  </style>
  <script src="./js/jquery-3.6.0.min.js"></script>
  <script>
    $(function () {
      // 获取文本框默认值
      var txt = $("#search").val();
      // 获取焦点
      $("#search").focus(function(){
        if($(this).val() == txt){
          $(this).val("");
        }
      })
      // 失去焦点
      $("#search").blur(function () {
        if ($(this).val() == "") {
          $(this).val(txt);
        }
      })
    })
  </script>
</head>
<body>
  <input id="search" type="text" value=" 请输入内容 " />
  <input type="button" value=" 搜索 " />
</body>
</html>
```

②select。

当选中"单行文本框"（图 4-76）或"多行文本框"（图 4-77）中的内容时，就会触发 select 事件。举例代码如下：

```
<!DOCTYPE html>
<html>
```

```
<head>
    <meta charset="utf-8" />
    <title></title>
    <script src="./js/jquery-3.6.0.min.js"></script>
    <script>
      $(function () {
        $("#txt1").select(function(){
            alert(" 这是单行文本框 ")
        })
        $("#txt2").select(function () {
            alert(" 这是多行文本框 ")
        })
      })
    </script>
</head>
<body>
    <input id="txt1" type="text" value=" 当我们选中"单行文本框"或"多行文本框"
中的内容时，就会触发 select 事件。"/> <br />
    <textarea id="txt2" cols="20" rows="5"> 当我们选中"单行文本框"或"多行文
本框"中的内容时，就会触发 select 事件。 </textarea>
</body>
</html>
```

图 4-76　单行文本框

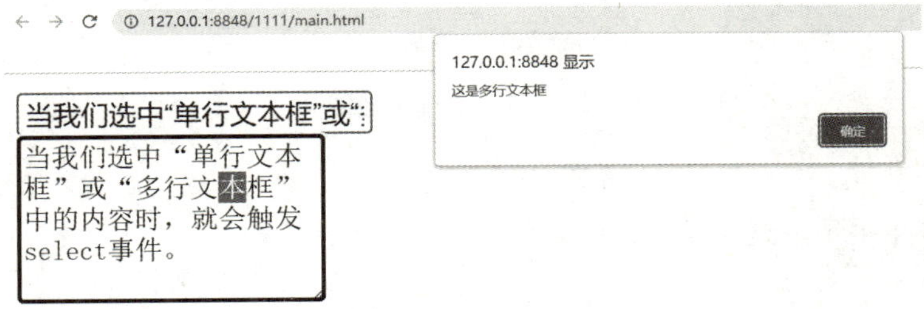

图 4-77　多行文本框

③change。

常用于"具有多个选项的表单元素"。

单选框代码如下：

```html
<!DOCTYPE html>
<html>
<head>
    <meta charset="utf-8" />
    <title></title>
    <script src="js/jquery-1.12.4.min.js"></script>
    <script>
        $(function () {
            $('input[type="radio"]').change(function(){
                var bool = $(this).prop("checked");
                if(bool){
                    $("p").text(" 你选择的是： " + $(this).val());
                }
            })
        })
    </script>
</head>
<body>
    <div>
        <label><input type="radio" name="fruit" value=" 苹果 " /> 苹果 </label>
        <label><input type="radio" name="fruit" value=" 香蕉 " /> 香蕉 </label>
        <label><input type="radio" name="fruit" value=" 西瓜 " /> 西瓜 </label>
    </div>
    <p></p>
</body>
</html>
```

运行结果如图 4-78 所示。

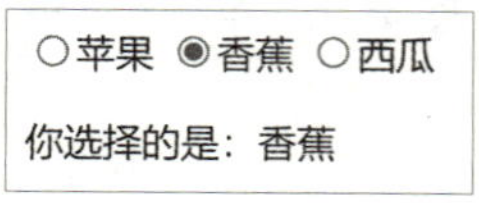

○苹果 ◉香蕉 ○西瓜
你选择的是：香蕉

图 4-78 单选框截图

（4）滚动事件

onscroll 事件在元素滚动条滚动时触发。

语法如下：

```
$().scroll(function(){
    ......
})
```

在 jQuery 中，scrollTop() 方法获取或设置元素相对于滚动条"顶边"的距离，scrollLeft() 方法获取或设置元素相对于滚动条"左边"的距离。

- scrollLeft() 获取的是横向滚动的距离。
- scrollTop() 获取的纵向滚动的距离。

利用 scrollTop() 方法滚动鼠标让图片跟随鼠标往下滑动，代码如下：

```html
<!DOCTYPE html>
<html>
<head>
    <meta charset="UTF-8">
    <title> 图片跟随 </title>
    <style>
      #box {
        height: 3000px;
      }
      img{
        position：absolute;
        left：0px;
        top：0px;
      }
    </style>
    <script src="./js/jquery-3.6.0.min.js"></script>
    <script>

    $(function () {
       $(window).scroll(function(){
           var top1 = $(this).scrollTop();
           $("img").stop().animate({"top": (top1+160)+"px"}, 2000);
       })
    });
    </script>
</head>
<body>
<img src="./ 图片 1.png" alt="">
<div id="box"></div>
</body>
</html>
```

2. jQuery 动画

（1）显示与隐藏

元素的显示与隐藏有 show() 和 hide()、toggle() 两种方式。

①show() 和 hide()。

show() 为显示方法，如果被选元素已被隐藏，则显示这些元素。show() 方法会把元素由 display: none; 还原为原来的状态（如 display: block、display: inline-block 等）。

hide() 为隐藏方法，如果被选的元素已被显示，则隐藏该元素。hide() 方法会将元素定义为 display: none;。

语法如下：

$().show(speed，callback)　　　$().hide(speed，callback)

speed：可选参数，表示显示或隐藏的速度，值为 "0" 或省略表示没有动画效果。可能的值有数值（单位毫秒，比如 1500）或字符串 "slow" "normal" "fast"。

callback：可选参数，表示显示或隐藏执行完毕后要执行的函数。

②toggle()。

toggle() 方法用来 "切换" 元素的显示状态。如果元素是显示状态，则会隐藏起来；如果元素是隐藏状态，则会显示出来。

语法如下：

$().toggle(speed，callback，switch)

speed：可选参数，表示显示或隐藏的速度，值为 "0" 或省略表示没有动画效果。可能的值有数值（单位毫秒，比如 1500）或字符串 "slow" "normal" "fast"。

callback：可选参数，表示显示或隐藏执行完毕后要执行的函数。

switch：可选参数，规定 toggle 是否隐藏或显示所有被选元素，是布尔值（true 显示元素 /false 隐藏元素）。注意：如果设置此参数，则无法使用 speed 和 callback 参数。

制作两个按钮 "显示" 和 "隐藏" 来控制图片的显示和隐藏，代码如下：

```
<!DOCTYPE html>
<html>
<head>
    <meta charset = "utf-8" />
    <title> </title>
    <script src = "./js/jquery-3.6.0.min.js"> </script>
    <script>
        $(function () {
            $("#btn_hide").click(function(){
                $("img").hide(1000);
            })
            $("#btn_show").click(function () {
```

```
        $("img").show(5000);
    })
})
</script>
</head>
<body>
  <input id="btn_hide" type="button" value=" 隐藏 " />
  <input id="btn_show" type="button" value=" 显示 " /> <br/>
  <img src="./img/05A9B423-902C-4583-BEB1-13FF0C73E80F.png" alt=""/>
</body>
</html>
```

制作一个按钮切换图片的显示和隐藏状态，代码如下：

```
<!DOCTYPE html>
<html>
<head>
  <meta charset="utf-8" />
  <title></title>
  <script src="./js/jquery-3.6.0.min.js"></script>
  <script>
    $(function () {
      $("#btn_toggle").click(function(){
        $("img").toggle(500);
      })

    })
  </script>
</head>
<body>
  <input id="btn_toggle" type="button" value=" 切换 " />
  <img src="./img/05A9B423-902C-4583-BEB1-13FF0C73E80F.png" alt=""/>
</body>
</html>
```

（2）淡入与淡出

元素的淡入与淡出的渐变效果有 fadeIn() 和 fadeOut()、fadeToggle()、fadeTo()3 种方式。
①fadeIn() 和 fadeOut()。
fadeIn() 方法用来实现元素的淡入效果，fadeOut() 方法用来实现元素的淡出效果。一

般情况下，这两个方法都是配合使用的。

语法如下：

$().fadeIn(speed, callback)

$().fadeOut(speed, callback)

speed：可选参数，表示动画的速度，如果省略则使用默认速度 400，单位毫秒。除了毫秒取值，同显示隐藏方法一样，也可以用字符串 "slow" "normal" "fast"。

callback 参数是淡入淡出完成后所执行的函数名称。

②fadeToggle()。

fadeToggle() 方法用来"切换"元素的显示状态，在 fadeIn() 与 fadeOut() 方法之间进行切换。

语法如下：

$().fadeToggle(speed，callback);

speed：可选参数，表示动画的速度，如果省略则使用默认速度 400，单位毫秒。除了毫秒取值，同显示隐藏方法一样，也可以用字符串 "slow" "normal" "fast"。

callback 参数是淡入淡出完成后所执行的函数名称。

③fadeTo()。

fadeTo() 方法是将元素透明度（opacity）渐变到 0~1 之间的某个值，在淡入效果中，透明度从 0 变化到 1；在淡出效果中，透明度从 1 变化到 0。

语法如下：

$().fadeTo(speed，opacity，callback);

speed：必选参数，表示速度，它可以取以下值："slow" "fast" 或毫秒。

opacity：必选参数，表示淡入淡出的不透明度（值介于 0 和 1 之间）。

callback：可选参数，是该函数完成后所执行的函数名称。

将一个图片渐变到半透明的状态，代码如下：

```html
<!DOCTYPE html>
<html>
<head>    <meta charset = "utf-8" />
  <title></title>
  <script src = "./js/jquery-3.6.0.min.js"></script>
  <script>
    $(function () {
      $("#btn_opacity").click(function(){
        $("img").fadeTo(500，0.5);
      })

    })
  </script>
</head>
```

```
<body>
  <input id="btn_opacity" type="button" value="透明度渐变" />
  <img src="./img/05A9B423-902C-4583-BEB1-13FF0C73E80F. png" alt=""/>
</body>
</html>
```

（3）滑动

元素的淡入与淡出渐变效果有 slideUp() 和 slideDown()、slideToggle() 两种方式。

①slideUp() 和 slideDown()。

slideUp() 方法实现元素的滑上效果，slideDown() 方法实现元素的滑下效果。一般情况下，slideUp() 和 slideDown() 这两个方法都是配合在一起使用的。

语法如下：

$().slideDown(speed，callback);

$().slideUp(speed，callback);

speed：可选参数，规定效果的时长。它可以取值："slow""fast"或毫秒。

callback：可选参数是滑动完成后所执行的函数名称。

②slideToggle()。

slideToggle() 方法用来"切换"元素的滑动状态。也就是说，如果元素是滑下状态，则会滑上；如果元素是滑上状态，则会滑下。

语法如下：

$().slideToggle(speed，callback);

speed：可选参数，规定效果的时长。它可以取值："slow""fast"或毫秒。

callback：可选参数是滑动完成后所执行的函数名称。

分别用两种方法实现：用一个按钮切换一张图片的滑动状态，初始状态将图片隐藏，单击按钮再切换为显示状态，代码如下：

```
<!DOCTYPE html>
<html>
<head>
  <meta charset="utf-8" />
  <title></title>
  <style type="text/css">
    div{ width: 400px;
    margin: auto;}
    h3{
      text-align: center;
      padding: 10px;
      background-color: #EEEEEE;
    }
```

```
            h3：hover{
               background-color：#DDDDDD;
               cursor：pointer;
            }
            img{
              width: 400px;
              height: 200px;
              padding：8px;
              display：none;
            }
        </style>
        <script src="./js/jquery-3.6.0.min.js"></script>
        <script>
          $(function () {
             var flag = 0;
             $("h3").click(function () {
                if (flag == 0) {
                   $("img").slideDown();
                   flag = 1;
                }
                else {
                   $("img").slideUp();
                   flag = 0;
                }
             });
          })
        </script>
    </head>
    <body>
      <div>
        <h3> 滑动切换按钮 </h3>
        <img src="./img/05A9B423-902C-4583-BEB1-13FF0C73E80F. png" alt="">
      </div>
    </body>
</html>
或
<script>
    $(function () {
```

```
        $("h3").click(function () {
            $("img").slideToggle();
        });
    })
</script>
```

（4）自定义动画

animate() 语法如下：

$().animate({params}，speed，callback);

params：必选参数，定义形成动画的 CSS 属性列表，采用"键值对"的形式，语法为：{" 属性 1": " 取值 1", " 属性 2": " 取值 2", …, " 属性 n": " 取值 n"}，如 left: '250px'。注意：属性和属性值要加引号，键值对之间用逗号分割。

speed：可选参数，规定效果的时长。它可以取以下值："slow" "fast" 或毫秒。

callback：可选参数，动画完成后所执行的函数名称。

创建一个"动画按钮"，控制一个正方形盒子，完成大小、透明度、边框的动画效果，代码如下：

```
<!DOCTYPE html>
<html>
<head>
    <meta charset = "utf-8" />
    <title> </title>
    <style type = "text/css">
        div
        {
            width: 100px;
            height: 100px;
            background-color: lightskyblue;
        }
    </style>
    <script src = "./js/jquery-3.6.0.min.js"> </script>
    <script>
        $(function () {
            // 简单动画
            $("#btn").click(function(){
                $("div").animate({
                    opacity: '0.3',
                    height: '250px',
                    width: '250px'
```

```
        }, 2500);
    });


    })
</script>
</head>
<body>
    <div id="box1"></div>
    <input id="btn" type="button" value=" 动画按钮 " /><br />


</body>
</html>
```

（5）停止动画

stop() 方法用于停止正在执行的动画，适用于所有 jQuery 效果函数，包括之前学习的滑动、淡入淡出和自定义动画。

语法如下：

$().stop(stopAll，goToEnd);

stopAll：可选参数，规定是否清除动画。默认是 false，即仅停止正在进行的动画，当值为 true 时，停止当前动画以及后面所有队列的动画。

goToEnd：可选参数，规定是否立即完成当前动画。默认是 false。

制作一个停止按钮，停止正在下滑的动画，代码如下：

```
<!DOCTYPE html>
<html>
<head>
<script src="./js/jquery-3.6.0.min.js"></script>
<script>
    $(document).ready(function(){
        $(".title").click(function(){
            $(".text").slideDown(6000);
        });
        $(".stop").click(function(){
            $(".text").stop();
        });
    });
</script>


<style type="text/css">
```

```css
.text，.title
{
padding：5px;
text-align：center;
background-color：#e5eecc;
border：solid 1px #c3c3c3;
}
.text
{
padding：50px;
display：none;
line-height: 30px;
}
</style>
</head>

<body>
   <button class="stop"> 停止按钮 </button>
      <div class="title"> 点击这里，向下滑动 </div>
   <div class="text">
```

stop() 方法用于停止正在执行的动画，适用于所有 jQuery 效果函数，包括之前学习的滑动、淡入淡出和自定义动画。

```html
</html>
```

（6）延迟动画

在 jQuery 中，使用 delay() 方法延迟动画的执行。

$().delay(speed)

speed：可选参数，表示延迟的速度，可能的值为：slow、fast 或毫秒。

制作两个按钮，分别控制延迟动画和不延迟动画。动画效果为对一个正方形盒子进行横向或纵向拉长，代码如下：

```html
<!DOCTYPE html>
<html>
<head>
   <meta charset="utf-8" />
   <title> </title>
   <style type="text/css">
      .btn{
         margin-left: 550px;
```

```
            margin-top: 200px;

        }
        .box{
            width：50px;
            height：50px;
            background-color：pink;
        }
    </style>
    <script src = "./js/jquery-3.6.0.min.js"></script>
    <script>
        $(function(){
            $(".no_delay").click(function(){
                $(".box").animate(
                    {
                        "height"："200px",
                    }
                )
            })
            $(".delay").click(function(){
                $(".box")
                .delay(3000).animate(
                    {
                        "width"："200px",
                    }
                )
            })
        })
        $(function () {
            $("div").click(function () {
                $(this).animate({ "width": "150px" }, 500)
                    .delay(3000)
                    .animate({ "height": "150px" }, 500);
            });
        })
    </script>
</head>
<body>
```

```
<div class="box"></div>
<div class="btn">
    <button class="no_delay">不延迟按钮</button>
    <button class="delay">延迟按钮</button>
</div>
</body>
</html>
```

【直通考证】

一、单选题

1. 在 jQuery 中，不属于鼠标事件的是（　　　）。

　　A. mouseover　　　　　　B. mouseenter　　　　　　C. keydown　　　　　　D. mousemove

2. <a href="**.jpg" title="大连">新闻</a>，获取 a 元素 title 的属性值的方法是（　　　）。

　　A. $("a").attr("title").val()　　　　　　B. $("#a").attr("title")

　　C. $("a").attr("title")　　　　　　　　D. $("a").attr("title").value

3. 下列不是 JavaScript 的事件类型的是（　　　）。

　　A. 动作事件　　　　　　B. 鼠标事件　　　　　　C. 键盘事件　　　　　　D. HTML 页面事件

4. 下列选项中 jQuery 焦点事件有（　　　）。

　　A. mouseenter()　　　　B. select()　　　　　　C. focus()　　　　　　D. onclick()

5. 如果按下的是大写字母 A，JavaScript 中正确的判断方式是（　　　）。

　　A. if(event.keyCode == 39)　　　　　　B. if(event.keyCode == 65)

　　C. if(event.keyCode == 13)　　　　　　D. if(event.keyCode == 31)

二、多选题

1. 假设 btn 是获取到的按钮，单击按钮调用 checkCity 函数，下列写法正确的有（　　　）。

　　A. btn.onclick = function(){checkCity;}　　　　B. btn.onclick = function(){checkCity();}

　　C. btn.onclick = checkCity;　　　　　　　　　D. btn.onclick = checkCity();

2. 下列属于 CSS3 新增属性的是（　　　）。

　　A. background-clip　　　　　　　　　　B. text-overflow

　　C. background-position　　　　　　　　D. background-size

3. 文字溢出显示省略号应拥有的属性是（　　　）。

　　A. overflow: hidden;　　　　　　　　　B. white-space: nowrap;

　　C. text-overflow: ellipsis;　　　　　　　D. width：500px

4.下列属于 JavaScript 内置对象的是（　　　）。

    A. Object   B. Array   C. String   D. Error

三、实操题

1.给以下 3 个按钮分别绑定单击事件，实现单击后在后台输出文本内容，如图 4-79 所示。

图 4-79　运行结果

2.在某页面中实现按 A，W，S，D 键控制一个方块的上、下、左、右移动，如图 4-80 所示。

图 4-80　运行结果

【任务评价】

任务	内容	配分 / 分	得分 / 分
制作动画与鼠标交互效果	能熟练使用 setTimeout() 函数	20	
	能正确应用鼠标事件函数	20	
	能正确使用键盘事件	20	
	能熟练使用表单事件	20	
	能正确运用表单事件	20	
总分		100	

微 课

任务三　制作志愿者招募交互板块

【任务需求】

在动态网页的制作中，根据用户需求，王华还需要完成最后一个板块的内容"志愿者招募"。要求是：用户提交信息后要对姓名、电话号码、日期进行简单验证，并给出提示信息。

完成本任务后，你应该会：

①说出 on 事件的语法；

②牢记并应用正则表达式；

③区分 search() 和 replace() 方法；

④使用 off() 方法解除元素绑定；

⑤了解 event 对象及其 type 属性；

⑥熟练使用 on 事件；

⑦通过制作"志愿者招募"板块提升合作学习能力和自学能力。

【预期呈现效果】

图 4-81　志愿者招募效果图

【知识准备】

1. on 事件

在 jQuery 中，使用 on() 方法为元素绑定一个事件或者多个事件。on() 方法在被选元素及子元素上添加一个或多个事件处理程序。

语法如下：

$(selector).on(event, childSelector, data, function)

- event：必需。规定要从被选元素添加的一个或多个事件或命名空间。
- childSelector：可选。规定只能添加到指定的子元素上的事件处理程序。
- data：可选。规定传递到函数的额外数据。
- function：可选。规定当事件发生时运行的函数。

在"环保网"登录验证板块中，给姓名输入框绑定一个事件，对输入的姓名进行验证，如图 4-82 所示。

图 4-82　姓名输入框效果图

代码为：

$(".input_w .name").on('input propertychange', function(){}

当检测到姓名输入框内容发生改变时，执行后面的函数。

2. 正则表达式

正则表达式是由一个字符序列形成的搜索模式，可以是一个简单的字符或一个更复杂的模式。正则表达式可用于所有文本搜索和文本替换的操作。

语法如下：

/ 正则表达式主体 / 修饰符（可选且不区分大小写）

修饰符：

- i 执行对大小写不敏感的匹配。
- g 执行全局匹配（查找所有匹配而不是在找到第一个匹配后停止）。
- m 执行多行匹配。

表达式：

- [abc] 查找方括号之间的任何字符。
- [0-9] 查找任何从 0 至 9 的数字。

元字符：

- . 匹配除 "\n" 之外的任何单个字符。但是一般语言如果是多行的都会自动将 "." 匹配 \n。
- ^ 匹配输入字符串的开始位置。如果设置了 RegExp 对象的 Multiline 属性，"^" 也匹配 "\n" 或 "\r" 之后的位置。
- $ 匹配输入字符串的结束位置。如果设置了 RegExp 对象的 Multiline 属性，"$" 也匹配 "\n" 或 "\r" 之前的位置。
- \d 查找数字。
- \s 查找空白字符。
- \S 匹配任何非空白字符。等价于 [^ \f\n\r\t\v]。

- \b 匹配单词边界。
- \w 匹配包括下画线的任何单词字符。等价于"[A-Za-z0-9_]"。
- \W 匹配任何非单词字符。等价于"[^A-Za-z0-9_]"。
- \d 匹配一个数字字符。等价于 [0-9]。
- \D 匹配一个非数字字符。等价于 [^0-9]。
- \b 匹配一个单词边界，也就是指单词和空格间的位置。例如，"er\b"可以匹配"never"中的"er"，但不能匹配"verb"中的"er"。
- \B 匹配非单词边界。"er\B"能匹配"verb"中的"er"，但不能匹配"never"中的"er"。

在 JavaScript 中，正则表达式通常用于两个字符串方法：search() 和 replace()。

search() 方法：用于检索字符串中指定的子字符串，或检索与正则表达式相匹配的子字符串，并返回子串的起始位置。

replace() 方法：用于在字符串中用一些字符替换另一些字符，或替换一个与正则表达式匹配的子串。

在"环保网"中，用正则表达式对电话号进行验证。

创建正则表达式：

var zhengze = /^1[34578]\d{9}$/;

用 test() 方法进行验证：

zhengze.test(val)

【任务实施】

制作志愿者招募交互板块，代码如下：

```
var name = false;
   var phone = false;
   var date = false; /* 创建 3 个变量，姓名、电话、日期，初始值为 false，初始状态
为假 */
   $(".input_w .name").on('input propertychange', function(){ /* 为输入姓名的输入框绑定
检测内容是否发生修改的事件 */
       var val = $(this).val(); /* 获取姓名 */
       if(val.length > 0){ /* 判断输入内容长度是否为空 */
           name = true;
       }else{
           name = false;
       }
   });
   $(".input_w .phone").on('input propertychange', function(){/* 为输入电话的输入框绑定
```

检测内容是否发生修改的事件 */

```
        var val = $(this).val(); /* 获取电话 */
        var zhengze = /^1[34578]\d{9}$/; /* 创建正则表达式 */
        if(zhengze.test(val)){ /* 用 test() 方法验证 */
            phone = true;
        }else{
            phone = false;
        }

    });
    $(".input_w .date").on('input propertychange', function(){/* 为输入电话的输入框绑定检
测内容是否发生修改的事件 */
        date = true;
    });
    $("#submit").click(function() {/* 单击提交后，执行 function 函数 */
        if(!name){ /* 如果没有输入姓名 */
            $(".name_after").text(" 请输入姓名 "); /* 在输入框下方小字提示"请输入姓名"*/
        }else{
            $(".name_after").text("");
        }
        if(!phone){ /* 如果电话号码格式不正确 */
            $(".phone_after").text(" 请输入正确号码 "); /* 在输入框下方小字提示"请输
入正确号码"*/
        }else{
            $(".phone_after").text("");
        }
        if(!date){/* 如果没有选择日期 */
            $(".date_after").text(" 请选择日期 "); /* 在输入框下方小字提示"请选择日
期"*/
        }else{
            $(".date_after").text("");
        }
        if(name&&phone&&date){ /* 如果姓名、电话、日期都正确，弹框"提交成功"*/
            alert(" 提交成功 ");
        }
    })
```

【任务扩展】

1. 其他进阶事件

（1）事件解绑

在 jQuery 中，可以使用 off() 方法来解除元素绑定的事件。

语法如下：

$().off(type)

type 是可选参数，它是一个字符串，表示事件类型。例如，单击事件是"click"，按下事件是"mousedown"，以此类推。如果参数省略，表示移除当前元素中的所有事件。

给段落绑定 on 事件后再移除，代码如下：

```
<!DOCTYPE html>
<html>
<head>
<script src="./js/jquery-3.6.0.min.js">
</script>
<script>
  function changeSize()
  {
      $(this).animate({fontSize："+=3px"});
  }
  function changeSpacing()
  {
      $(this).animate({letterSpacing："+=2px"});
  }
  $(document).ready(function(){
      $("body").on("click", "p", changeSize);
      $("body").on("click", "p", changeSpacing);
      $("button").click(function(){
          $("body").off("click", "p");
      });
  });
</script>
</head>
<body>
    <p> 段落 1</p>
```

<p> 段落 2 </p>

<button> 移除所有 click 事件 </button>

</body>

</html>

单击段落 1、2 后字体大小和字间距同时变大，单击按钮后再点击段落 1、2 则不再发生变化，运行结果如图 4-83 所示。

段落1

段落2

移除所有 click 事件

图 4-83　效果图

给段落绑定 on 事件，单击按钮再移除。

（2）事件对象

每一个事件都有一个对应的 event 对象。event.type 属性是返回被触发的事件类型。

语法：

event.type

event 参数来自事件绑定函数。

代码如下：

```
<!DOCTYPE html>
<html>
<head>
    <meta charset = "utf-8" />
    <title> </title>
    <script src = "./js/jquery-3.6.0.min.js"> </script>
    <script>
        $(function () {
            $("#btn").click(function(event){
                alert(event.type);    //event
            })
        })
    </script>
</head>
<body>
    <input id = "btn" type = "button" value = " 按钮 " />
</body>
</html>
```

每次调用一个事件时，jQuery 都会默认给这个事件函数加上一个隐藏的参数，这个参数就是 event 对象。event 还可以换成其他变量名，运行结果如图 4-84 所示。

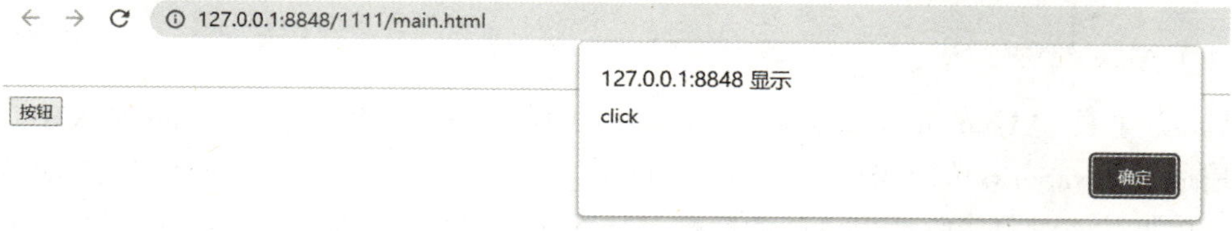

图 4-84　效果图

（3）this

this 始终指向触发当前事件的元素，表示当前对象的一个引用。

在 \$("div").click(function(){……} 中，\$(this) 等价于 \$("div")。而在 \$("p").click(function() {……} 中，\$(this) 等价于 \$("p")。

代码如下：

```
<!DOCTYPE html>
<html>
<head>
  <meta charset="utf-8" />
  <title></title>
  <script src="js/jquery-1.12.4.min.js"></script>
  <script>
    $(function () {
      $("li").each(function(index){
        var text = $("li").text();
        console.log(text);
      })
    })
  </script>
</head>
<body>
  <ul>
    <li>HTML</li>
    <li>CSS</li>
    <li>JavaScript</li>
  </ul>
</body>
</html>
```

2. Ajax 操作

（1）Ajax 简介

Ajax，全称"Asynchronous JavaScript and XML"，即"异步的 JavaScript 和 XML"。其核心是通过 JavaScript 的 XMLHttpRequest 对象，以一种异步的方式，向服务器发送数据请求，并通过该对象接收请求返回的数据，从而实现客户端与服务器端的数据操作。

Ajax 能刷新指定的页面区域，而不是刷新整个页面，从而减少客户端和服务端之间数据量的传输，使用户体验更好。

（2）JSON 对象

JSON 对象使用在大括号 {...} 中书写，对象可以包含多个 key/value（键 / 值）对。

key 必须是字符串，value 可以是合法的 JSON 数据类型（如字符串、数字、对象、数组、布尔值或 null）。key 和 value 中使用冒号分割。每个 key/value 对使用逗号"，"分割。

语法如下：

{ "name": "runoob", "alexa": 10000, "site": null }

如创建一个名为 myObj 的对象，并通过"."访问对象的值，代码如下：

var myObj, x;

myObj = { "name": "runoob", "alexa": 10000, "site": null };

x = myObj.name;

（3）load() 方法

load() 方法添加事件处理程序到 load 事件。当指定的元素已加载时，会发生 load 事件。该事件适用于任何带有 URL 的元素（如图像、脚本、框架、内联框架）以及 Window 对象。

语法如下：

$(selector).load(function)

function：必需。是指当指定元素加载完成时运行的函数。

如当图像全部加载时警报文本，代码如下：

```
("img").load(function(){
    alert(" 图片已载入 ");
});
```

（4）get() 方法

get() 方法用于通过 HTTP GET 请求从服务器请求数据。

GET 从指定的资源请求数据。从服务器获得（取回）数据。GET 方法可能返回缓存数据。

语法如下：

$.get(URL，callback);

URL：发送请求的 URL 字符串。

callback：可选，请求成功后执行的回调函数。

使用 $.get() 方法从服务器上的一个文件中取回数据，代码如下：

```
$("button").click(function(){
  $.get("demo_test.php", function(data，status){
    alert("数据："+ data + "\n 状态："+ status);
  });
});
```

（5）post() 方法

post() 方法用于通过 POST 请求从服务器请求数据。

POST 向指定的资源提交要处理的数据，可用于从服务器获取数据。与 GET 不同的是 POST 方法不会缓存数据，并且常用于连同请求一起发送数据。

语法如下：

$.post(URL，callback);

URL：发送请求的 URL 字符串。

callback：可选，请求成功后执行的回调函数。

使用 $.post() 连同请求一起发送数据，代码如下：

```
$("button").click(function(){
    $.post("/try/ajax/demo_test_post.php",
    {
      name："菜鸟教程",
      url："http://www.runoob.com"
    },
    function(data，status){
      alert("数据：\n" + data + "\n 状态："+ status);
    });
});
```

（6）getJSON() 方法

在 jQuery 中，使用 $.getJSON() 方法来通过 Ajax 获取服务器中 JSON 格式的数据。

语法如下：

```
$.getJSON(url, data, function(data){
    ……
})
```

getJSON() 是一个全局方法。

url：被加载的文件地址；

data：发送到服务器的数据，数据为"键值对"格式；

fn：请求成功后的回调函数。

如遍历 JSON 对象，代码如下：

```
<!DOCTYPE html>
<html>
<head>
  <meta charset="utf-8" />
  <title></title>
  <script src="js/jquery-1.12.3.min.js"></script>
  <script>
    $(function(){
      $("#btn").click(function(){
        $.getJSON("info.json", function (data) {
          // 定义一个变量，用于保存结果
          var str="";
          $.each(data, function(index, info){
            str += " 姓名: " + info["name"] +"<br/>";
            str += " 性别: " + info["sex"] + "<br/>";
            str += " 年龄: " + info["age"] + "<br/>";
            str += "<hr/>";
          })
          // 插入数据
          $("div").html(str);
        })
      })
    })
  </script>
</head>
<body>
  <input id="btn" type="button" value=" 获取数据 " />
  <div></div>
</body>
</html>
```

（7）getScript() 方法

在 jQuery 中，使用 getScript() 方法通过 AJAX 来获取并运行一个外部 JavaScript 文件。getScript() 是一个用于动态加载 JavaScript 的方法。

语法如下：

$.getScript(url, fn)

url：必选参数，表示被加载的 JavaScript 文件路径。

fn：可选参数，表示请求成功后的回调函数。

如创建一段代码，单击"加载"按钮后，才加载 test.js 文件，代码如下：

```html
<!DOCTYPE html>
<html>
<head>
  <meta charset="utf-8" />
  <title></title>
  <script src="js/jquery-1.12.3.min.js"></script>
  <script>
    $(function(){
      $("#btn").click(function(){
        $.getScript("js/test.js")
      })
    })
  </script>
</head>
<body>
  <input id="btn" type="button" value=" 加载 "/>
</body>
</html>
```

3. CSS3 的跨设备支持

（1）媒体查询

CSS3 针对不同媒体类型可以定制不同的样式规则，也可以针对不同的媒体类型（包括显示器、便携设备、电视机等）设置不同的样式规则。

媒体查询可用于检测很多事情，例如：

①viewport（视窗）的宽度与高度。

②设备的宽度与高度。

③朝向（智能手机横屏，竖屏）。

④分辨率。

（2）@media 语法规则

```
@media notlonly mediatype and (expressions) {
    CSS 代码 ...;
}
```

多媒体查询由多种媒体组成，可以包含一个或多个表达式，表达式根据条件是否成立返回 true 或 false。

在屏幕可视窗口尺寸小于 480 px 的设备上修改背景颜色，代码如下：

```
@media screen and (max-width: 480px) {
  body {
    background-color: lightgreen;
  }
}
```

【直通考证】

一、单选题

下列有关事件操作的说法中，正确的是（　　　）。
  A. 可以使用事件监听器为一个元素添加多个相同的事件
  B. 一般情况下，给一个元素绑定事件后就无须解绑该事件了，这也说明解绑事件没有任何用处
  C. removeEventListener() 方法不仅可以解除"事件处理器"添加的事件，也可以解除"事件监听器"添加的事件
  D. oBtn.onclick＝function(){}; 跟 oBtn.addEventListener("click", function(){}, false); 是完全等价的

二、判断题

1. 每一个事件都有一个对应的 event 对象。　　　　　　　　　　　　　（　　　）
2. 正则表达式中的修饰符严格区分大小写。　　　　　　　　　　　　　（　　　）

三、实操题

练习使用 event 对象的 type 属性来获取事件的类型。

【任务评价】

任务	内容	配分 / 分	得分 / 分
制作志愿者招募板块	能熟练使用 on() 进行事件绑定	20	
	能正确应用 off () 解绑事件	20	
	能正确使用 event 对象	20	
	能说出并牢记正则表达式的规则	20	
	能熟练应用正则表达式	20	
总分		100	

项目五

制作移动终端页面

　　经过前面几个项目的学习和实践，王华已经学会了如何开发网页。张涛告诉王华，随着移动设备的广泛普及，其已逐渐成为访问互联网的最常用终端，为了实现在任意设备上都能够对网页内容进行完美布局，王华还需要学习响应式布局，以使用户获得与设备匹配的视觉效果。

　　在本项目中，王华将学习通过阻止移动浏览器自动调整页面大小、媒体查询，结合 HTML5、CSS3 的新特性，更好地满足使用不同设备的用户需求。

　　本项目工作包括：

◆将网页转为响应式设计；

◆测试网页。

任务一 将页面转为响应式设计

【任务描述】

"环保网"前端页面的开发制作已基本完成。随着移动设备的逐渐普及和 Web 技术的发展，越来越多的人使用小屏幕设备上网，因此需要对网站进行移动化改造，使其能够适应不同的设备，为用户带来良好的体验。

完成本任务后，你应该会：

①应用响应式设计布局；

②理解媒体查询；

③使用移动化文本、图像等网页元素；

④通过将页面转为响应式设计提升逻辑思维能力和自学能力。

【预期呈现效果】

图 5-1 宽度大于 720 px 小于 900 px

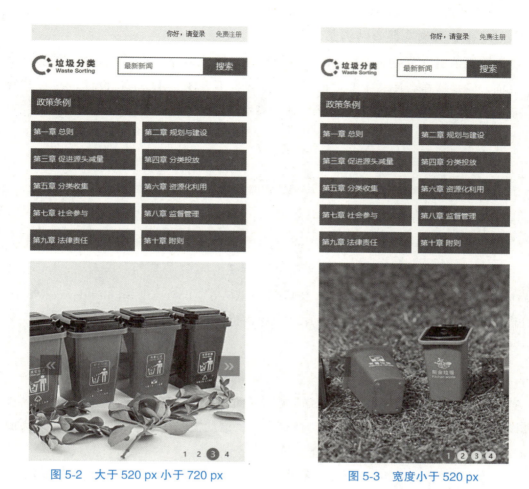

图 5-2　大于 520 px 小于 720 px　　　　图 5-3　宽度小于 520 px

【知识准备】

1. 什么是响应式设计

响应式网页设计（Responsive Web Design，RWD）是针对任意（包括将来出现的）设备对网页内容进行完美布局的一种显示机制，而不是针对不同的设备制订不同的版本。真正的响应式设计方法不只是根据视图大小改变网页布局。相反，它是要从整体上颠覆我们当前设计网页的方法。之前我们先是针对台式电脑进行固定宽度设计，然后将其缩小并针对小屏幕进行内容重排。

2. 实现响应式网页设计的技术

一般可以通过阻止移动浏览器自动调整页面大小、媒体查询，以及运用流式布局等技术来实现响应式网页设计。

（1）阻止移动浏览器自动调整页面大小

使用智能手机浏览桌面端网站时，一般会自动缩放到合适的宽度使视口能够显示整个页面，但是这样会使文字变得很小，浏览内容不方便。可以通过设置 meta 标签的"viewport"属性设定加载网页时以原始的比例显示网页。将 meta 标签加到 <head> 标签里，代码如图 5-4 所示。

```
<head>
    <meta charset="utf-8">
    <meta name="viewport" content="width=device-width,initial-scale=1,minimum-scale=1,maximum-scale=1,user-scalable=no" />
    <title>垃圾分类</title>
    <link rel="stylesheet" type="text/css" href="style/main.css"/>
    <link rel="stylesheet" href="style/mobie.css" media="screen and (max-width: 1024px)" type="text/css">
    <script src="script/jquery-3.6.0.min.js" type="text/javascript" charset="utf-8"></script>
    <script src="script/main.js" type="text/javascript" charset="utf-8"></script>
</head>
```

图 5-4　meta 标签

viewport 是网页默认的宽度和高度，网页宽度默认等于设备宽度（width = device-width），原始缩放比例（initial-scale = 1）为 1.0，表示支持该特性的浏览器都会按照设备宽度的实际大小来渲染网页。

（2）使用媒体查询

实现响应式设计的关键技术是 CSS3 的媒体查询模块，它可以根据设备显示器的特性为其设定 CSS 样式。仅使用几行代码，就可以根据诸如视图宽度、屏幕比例、设备方向（横向或纵向）等特性改变页面内容的显示方式。

①选择性加载样式文件。媒体查询能使我们根据设备的各种功能特性来设定相应的样式，而不仅仅针对设备类型，代码如图 5-5 所示。

```
<head>
    <meta charset="utf-8">
    <meta name="viewport" content="width=device-width,initial-scale=1,minimum-scale=1,maximum-scale=1,user-scalable=no" />
    <title>垃圾分类</title>
    <link rel="stylesheet" type="text/css" href="style/main.css"/>
    <link rel="stylesheet" href="style/mobie.css" media="screen and (max-width: 1024px)" type="text/css">
    <script src="script/jquery-3.6.0.min.js" type="text/javascript" charset="utf-8"></script>
    <script src="script/main.js" type="text/javascript" charset="utf-8"></script>
</head>
```

图 5-5　link 标签

首先，媒体查询表达式询问了媒体类型（"你是一块显示屏吗？"），然后询问了媒体特性（"显示屏是纵向放置的吗？"）。任何纵向放置的显示屏设备都会加载样式表，其他设备则会忽略该文件，从而基于媒体查询实现了选择性加载样式文件。

②CSS 样式表中使用媒体查询。当要针对不同的设备应用不同的样式时，可以在样式文件中用 @media 选择应用。如将下列代码插入样式表（图 5-6），则在屏幕宽度小于等于 520 px 的设备上进行以下样式的修改。

```
@media screen and (max-width:520px) {
    .page1_tab .ul-1 li{
        width: calc(50% - 6px);
        padding: 0 4px;
    }
    .page2_nav img {
        width: calc(50% - 16px);
        margin-bottom: 24px;
    }
    .page2_w .list_text {
        height: 100%;
        font-size: 16px;
    }
    footer {
        padding: 10px;
    }
    footer ul {
        flex-wrap: wrap;
    }
}
```

图 5-6　媒体查询

（3）流式布局

在认识到媒体查询功能强大的同时，也要看到它的局限性。那些仅使用媒体查询来适应不同视窗的固定宽度设计，只会从一组媒体查询规则突变到另一组，两者之间没有任何平滑渐变。为了实现更灵活的设计，能在所有视窗中完美显示，需要使用灵活的百分比布局（这种使用百分比的布局方式也称为"流式布局"），这样才能使页面元素根据视口大小在一个又一个媒体查询之间灵活伸缩修正样式。

①将网页从固定布局修改为百分比布局。如果已经拥有了一个固定像素布局的网页，Ethan Marcotte 提供了一个简易可行的公式，可以将固定像素宽度转换为对应的百分比宽度：目标元素宽度 ÷ 上下文元素宽度 = 百分比宽度。只要明确了上下文元素，就可以很方便地将固定像素宽度转换成对应的百分比宽度，实现百分比布局。

②用相对大小的字体。em 的实际大小是相对其上下文的字体大小而言的，如果将<body> 标签的文字大小设置为 16 px，给其他文字都使用相对单位 em，那么这些文字都会受到 body 上的初始声明的影响。这样做的好处是如果完成了所有文字排版后，客户又要将页面文字统一放大，我们只需修改 body 的文字大小，其他文字也会相应变大。我们同样可以使用公式"目标元素尺寸 ÷ 上下文元素尺寸 = 百分比尺寸"将文字的像素单位转换为相对单位。

③弹性图片。目前，在浏览器中要实现图片随着流动布局进行相应缩放非常简单，只要在 CSS 中做如下声明即可，如图 5-7 所示。

```
.page3_w .list_img {
    width: 100%;
}
```

图 5-7　图片设置

【任务实操】

1. 阻止移动浏览器自动调整页面大小

在完成的 index.html 中，通过 meta 标签的 viewport 属性来设定加载网页时以原始的比例显示网页。将 meta 标签加到 ＜head＞ 标签中，如图 5-8 所示。

```
<head>
    <meta charset="utf-8">
    <meta name="viewport" content="width=device-width,initial-scale=1,minimum-scale=1,maximum-scale=1,user-scalable=no" />
    <title>垃圾分类</title>
    <link rel="stylesheet" type="text/css" href="style/main.css"/>
    <link rel="stylesheet" href="style/mobie.css" media="screen and (max-width: 1024px)" type="text/css">
    <script src="script/jquery-3.6.0.min.js" type="text/javascript" charset="utf-8"></script>
    <script src="script/main.js" type="text/javascript" charset="utf-8"></script>
</head>
```

图 5-8　meta 标签

2. 使用媒体查询

使用媒体查询，如果屏幕宽度小于 1 024 px，将引用样式表 mobile.css 的规则来规定网页的定位、单位和尺寸。在这种情况下，在该样式表中重新定义的所有样式都可以覆盖之前样式表中定义过的样式，如图 5-9 所示。

```
<head>
    <meta charset="utf-8">
    <meta name="viewport" content="width=device-width,initial-scale=1,minimum-scale=1,maximum-scale=1,user-scalable=no" />
    <title>垃圾分类</title>
    <link rel="stylesheet" type="text/css" href="style/main.css"/>
    <link rel="stylesheet" href="style/mobie.css" media="screen and (max-width: 1024px)" type="text/css">
    <script src="script/jquery-3.6.0.min.js" type="text/javascript" charset="utf-8"></script>
    <script src="script/main.js" type="text/javascript" charset="utf-8"></script>
</head>
```

图 5-9　link 标签

3. 在 CSS 样式表中使用媒体查询

针对不同的设备宽度应用不同的样式时，可以在样式文件中用 @media 设置不同尺寸的页面样式，实现页面效果。

①当宽度大于 720 px 小于 900 px 时，设置样式如下：

@media screen and (max-width: 900px) {

 .header_w .logo {

  width: 30%;

  margin-right: 0;

 }

```css
.header_w .search {
    margin-left: auto;
}
.header .tab_w .tab_title {
    width: 30%;
}
.header .tab_w .ul-1{
    margin-left: auto;
}
.header .tab_w .ul-1 li {

}
.page1_w {
    flex-wrap: wrap;
}
.page1_tab {
    width: 30%;
}
.page1_popup {
    width: 70%;
}
.page1_slide {
    width: 70%;
}
.page_input {
    width: 100%;
    padding: 0;
    margin-top: 20px;
}
.page2_nav img {
    width: calc(25% - 20px);
}
}
```

效果图如图 5-10 所示。

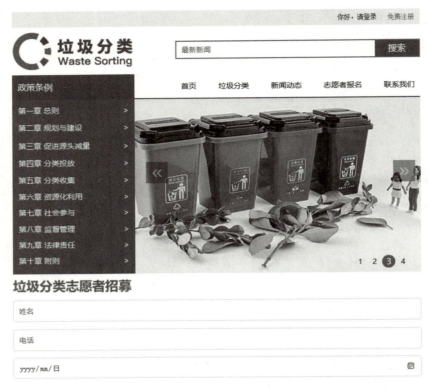

图 5-10　宽度大于 720 px 小于 900 px

②宽度大于 520 px 小于 720 px 时，设置样式如下：

```
@media screen and (max-width: 720px) {
    .header .tab_w .tab_title {
        width: 100%;
    }
    .header .tab_w .ul-1 {
        display: none;
    }
    .page1_tab {
        width: 100%;
        padding-top: 12px;
    }
    .page1_tab .ul-1 {
        display: flex;
        flex-wrap: wrap;
        gap: 12px;
        justify-content: space-between;
    }
    .page1_tab .ul-1 li{
```

```css
    width: calc(33.33% − 8px);
}
.page1_tab .ul-1 li i {
    display: none;
}
.page1_popup .nav_con {
    transition: .1s;
}
.page1_popup {
    width: 100%;
    height: 480px;
    padding: 24px 12px;
}
.page1_popup .popup_list {
    height: 400px;
}
.page1_popup .btn_w {
    display: flex;
    height: 40px;
}
.page1_slide {
    width: 100%;
    margin-top: 20px;
}
.page2 {
    margin: 20px 0;
}
.page2_nav img {
    width: calc(33.33%−16px);
    margin-bottom: 24px;
}
.page2_w .list_text {
    font-size: 18px;
    line-height: 1.3;
}
.page3_w .page3_list {
    flex-flow: column-reverse;
}
```

```
.page3_w .list_img {
    width: 100%;
}
.page3_w .list_w {
    width: 100%;
}
}
```

效果图如图 5-11 所示。

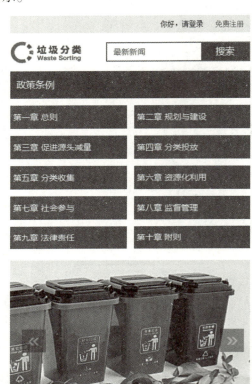

图 5-11 大于 520 px 小于 720 px

③宽度小于 520 px 时，设置样式如下：

```
@media screen and (max-width：520px) {
    .page1_tab .ul-1 li{
        width: calc(50% − 6px);
        padding: 0 4px;
    }
    .page2_nav img {
        width: calc(50% − 16px);
```

```
        margin-bottom: 24px;
    }
    .page2_w .list_text {
        height: 100%;
        font-size: 16px;
    }
    footer {
        padding: 10px;
    }
    footer ul {
        flex-wrap: wrap;
    }
}
```

效果图如图 5-12 所示。

图 5-12　宽度小于 520 px

【任务扩展】

媒体查询其他方式

①使用 CSS 的 @import 方式。还可以使用 CSS 的 @import 指令在当前样式表中按条件引入其他样式表。

②旧版本浏览器 (IE6、IE7、IE8) 不兼容 MediaQuery 的解决方案。对不支持 MediaQuery 的浏览器，可以通过 JavaScript 的方法解决 CSS3 媒体查询的相关问题。这里主要讨论使用 JavaScript 脚本判断浏览器窗口的宽度及检测设备的类型这两个问题。可以通过引入一个 JavaScript 库——jQuery 来判断浏览器窗口的宽度。

【直通考证】

单选题

1. 不能实现响应式布局的有（　　　　）。

  A. 媒体查询　　　　　　　　　　　　　B. 阻止移动浏览器自动调整页面大小

  C. 图片处理技术　　　　　　　　　　　D. 流式布局

2. 网页宽度默认等于设备宽度 (width＝device-width)，原始缩放比例 (initial-scale＝1)为（　　　　）。

  A. 1.0　　　　　　　　B. 1.5　　　　　　　　C. 2.0　　　　　　　　D. 0.5

3. 媒体查询中，下列选项不是改变页面内容显示方式特性的是（　　　　）。

  A. 屏幕比例　　　　　　　　　　　　　B. 视图宽度

  C. 像素大小　　　　　　　　　　　　　D. 设备方向（横向或纵向）

【任务评价】

任务	内容	配分 / 分	得分 / 分
将页面转为响应式设计	了解响应式设计的概念	10	
	熟练掌握实现响应式设计的 3 种技术	30	
	理解组织移动浏览器自动调整页面大小的代码	30	
	理解媒体查询代码的含义	20	
	能实现流式布局	10	
总分		100	

微　课

任务二　测试网页

【任务描述】

张涛告诉王华，一个网页设计完成后，并不意味着工作的结束，反而意味着一个新的开始。只有当一个网页能够在 Internet 上正常访问和浏览时，才能体现其价值。

完成本任务后，你应该会：

①对网页进行链接测试；

②对网页进行表单测试；

③对网页进行浏览器测试；

④通过测试网页提升分析能力和合作交流能力。

【知识准备】

网页测试

网页测试的主要目的在于检测网页是否实现了预期的规划目标，以及在 Internet 环境中是否能够有效地运行和满足业务需求。具体包括以下几种类型的测试：

（1）链接测试

①测试网页中的链接是否正确链接到预定的网页位置或页面。

②链接到的网页是否存在。

③网站中的页面是否有孤立的存在。这里孤立的存在是指没有任何链接指向该页面，对该页面的访问只能通过地址进行。

（2）表单测试

在站点中，用户常常需要填写各种各样的信息，例如，用户登录时的用户名称和密码，并将这些信息传递给服务器。这就是表单的基本功能。

（3）浏览器测试

浏览器是 Web 客户端浏览网站的必备软件。但目前市场上的浏览器众多，如 Mozilla Firefox、Chrome、Opera 和 Internet Explorer。不同厂商的浏览器对 Java、JavaScript、ActiveX、plug-ins 或 CSS 的支持程度会有一定的差别，同时，同一产品又存在不同的版本。有时，同一张网页在不同的 IE 浏览器中都会有不同的层次和框架显示。虽然随着技术的完善，

各种浏览器对主流技术的支持越来越好，彼此之间的支持差异也在缩小；但对网页开发，特别是动态网站的开发来说，浏览器的兼容测试仍旧是必不可少的一个环节。

【任务实操】

1. 链接测试

鼠标移动到"你好，请登录"，变成抓手形状时，用鼠标单击后跳转到登录页面，如图 5-13 所示。

图 5-13　登录页面

2. 表单测试

输入姓名、电话，选择日期。

如果输入电话号码不正确，则显示提示语句"请输入正确号码"，如图 5-14 所示。

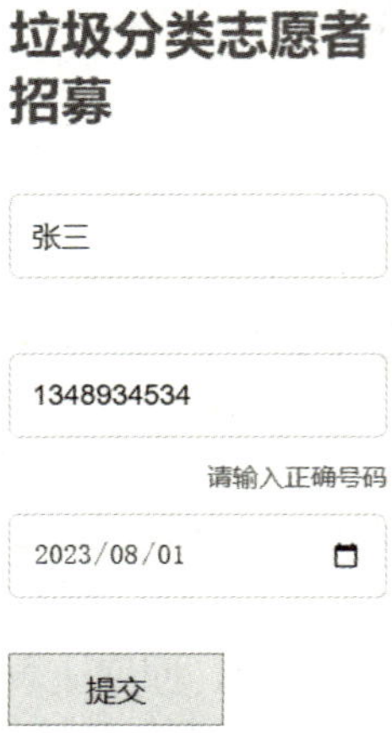

垃圾分类志愿者招募

张三

1348934534

请输入正确号码

2023/08/01

提交

图 5-14　志愿者招募示意图（1）

如果姓名、电话、日期为空，则显示"请输入姓名""请输入正确号码""请输入日期"，如图 5-15 所示。

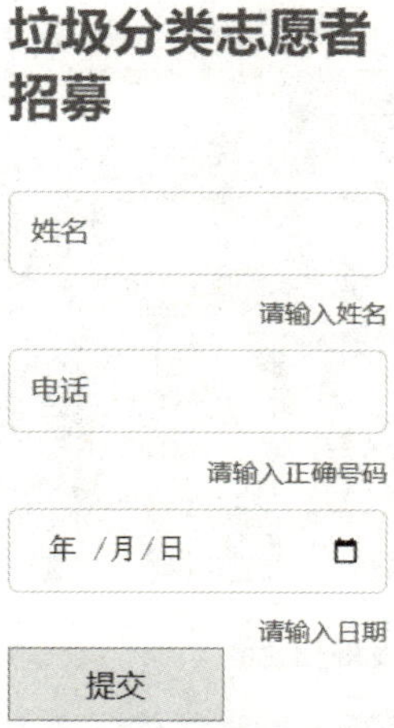

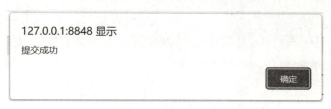

图 5-15　志愿者招募示意图（2）

如果姓名、电话、日期输入正确，则弹出"提交成功"对话框，如图 5-16 所示。

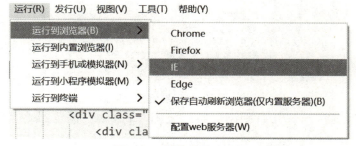

图 5-16　弹框示意图

3. 浏览器测试

选择"运行"→"运行到浏览器"，再选择"IE"浏览器，如图 5-17 所示。

图 5-17　操作步骤示意图

运行截图如图 5-18 所示。

图 5-18 IE 浏览器运行效果图

再次选择"运行"→"运行到浏览器",选择"Firefox"浏览器,运行截图如图 5-19 所示。

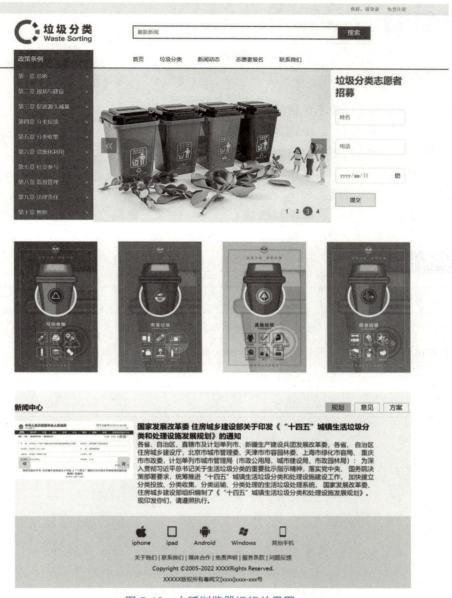

图 5-19　火狐浏览器运行效果图

【任务扩展】

访问速度测试

访问速度直接影响用户对网站的体验，统计数据表明，如果只是访问一个网页，当 Web 系统响应时间太长，如超过 5 s 时，用户就会因不愿意等待而离开。但用户访问 Web 网站的速度受到多个方面的影响，如服务器的响应时间、网络状况、上网方式等。

【直通考证】

单选题

1. 下列网站测试一般不包括的是（　　　）。
　　A. 链接测试　　　　　B. 浏览器测试　　　　　C. 表单测试　　　　　D. 文字大小测试
2. 表单测试通常使用（　　）程序来实现。
　　A. HTML5　　　　　B. CSS　　　　　C. CSS3　　　　　D. JavaScript
3. 链接可分为外部链接和（　　　）。
　　A. 内部链接　　　　　B. 图片链接　　　　　C. 文字链接　　　　　D. 表格链接

【任务评价】

任务	内容	配分 / 分	得分 / 分
测试网页	了解对网页进行链接测试的方法	30	
	了解对网页进行表单测试的方法	40	
	能完成网页浏览器测试	30	
总分		100